Samer Mohamad

LIKE!

Wie man mit Social Media Geld verdient und sich ein Online-Imperium aufbaut

REDLINE | VERLAG

Bibliografische Information der Deutschen Nationalbibliothek

Die Deutsche Nationalbibliothek verzeichnet diese Publikation in der Deutschen Nationalbibliografie.
Detaillierte bibliografische Daten sind im Internet über
http://dnb.d-nb.de abrufbar.

Für Fragen und Anregungen:

info@redline-verlag.de

1. Auflage 2019

© 2019 by Redline Verlag, ein Imprint der
Münchner Verlagsgruppe GmbH,
Nymphenburger Straße 86
D-80636 München
Tel.: 089 651285-0
Fax: 089 652096

Redaktion: Britta Fietzke, Frankfurt a. Main
Umschlaggestaltung: Pamela Machleidt, München
Satz: abavo GmbH, Buchloe
Druck: GGP Media GmbH, Pößneck
Printed in Germany

ISBN Print 978-3-86881-735-5
ISBN E-Book (PDF) 978-3-96267-085-6
ISBN E-Book (EPUB, Mobi) 978-3-96267-086-3

Weitere Informationen zum Verlag finden Sie unter

www.redline-verlag.de

Beachten Sie auch unsere weiteren Verlage unter www.m-vg.de

INHALT

VORWORT VON ANDREAS BUHR

Samer Mohamad ist Deutsch-Syrer. Ein Einwanderer. Er kommt von ganz unten. Er hat Herz. Samer ist auf seine Weise authentisch, er ist glaubwürdig und spricht Klartext. Er traut sich was! Und so legt er mit diesem Buch ein Werk vor, das in unsere heutige Zeit passt: *LIKE!*

Schon als Schüler verkauft er CDs, hat Erfolg und Misserfolg, häuft mit 26 Jahren einen Schuldenberg auf, den er sauber wieder abträgt. Und so läuft seine Karriere weiter. Er macht sich als Mr. Promotion in Deutschland einen Namen und wird zur Orientierung für die junge Generation Y.

In der digitalen Welt spricht er über die Chancen, die die Social Media ihm bieten. Er nutzt diese Möglichkeiten geschickt aus und gibt uns allen damit eine Orientierung. Was er erlebt, schreibt er in diesem Buch auf und verdeutlicht damit dem Leser die Mechanismen, die Gesetze des digitalen Marketings.

Sein Motto: Wenn ich das geschafft habe, dann kann es jeder schaffen! Mentales wird Reales. Was wir denken, kann Realität werden, wenn wir handeln, und Samer hat es vorgemacht: Er ist heute ein erfolgreicher Geschäftsmann. Ob Facebook, Instagram, Xing oder LinkedIn: Das sind alles Kommunikationskanäle, die uns die Möglichkeit bieten, Werbung in eigener Sache zu machen, zur Marke zu werden.

Auch in Unternehmen ist dies ein äußerst aktuelles Thema. Ich höre die Manager fragen: »Wer kümmert sich bei uns um Facebook?« Da frage ich dann gern zurück, wer sich denn im Unternehmen um den Anrufbeantworter, um das Fax und um die Mailbox kümmere. Und ich ernte irritiertes, ungläubiges

Staunen. Jedem wird dann sofort klar, dass wir schon jetzt in einer hybriden Welt leben.

Wir haben bei Buhr&Team, zusammen mit der Universität Luxemburg, in einer fast fünfjährigen Studie herausgefunden, dass neun von zehn Entscheidungen hybrid getroffen werden: online recherchiert und offline getroffen. Oder umgekehrt. Im Verkauf sprechen wir von dem Ropo-Kunden: *research online, purchase offline.* Webseiten und Landingpages werden zu 24/7-Verkäufern, wenn sie konvertieren. Auch das gehört in unsere Zeit – und auch das ist ein Thema, mit dem sich Samer Mohamad in diesem Buch beschäftigt. Damit ist klar, dass jeder aus eigener Kraft zu einer Marke werden kann: Einzelpersonen sowie Unternehmen.

Es gibt heute kein Geheimwissen mehr. Jeder kann mit jedem von überall Kontakt aufnehmen. Und jeder kann ganz leicht zum Botschafter seiner eigenen Interessen werden. Wer die Mechanismen der Social Media, wer die Algorithmen des Internets für sich nutzen will, der kann das schaffen. Mehr noch, und auch das wird dem Leser deutlich: So wie früher die ersten Handys noch Aktenkoffergröße hatten, so wie die ersten Faxgeräte über das Internet ins Laufen kamen, so gehören Social Media, E-Mail-Marketing und hybride Prozesse zu unserem Leben dazu.

Samer Mohamad ist ein Beispiel dafür, wie eine digitale Marke entstehen kann. Er ist Trainer geworden und er hat seine eigenen Erfahrungen in diesem Buch notiert. Er erzählt uns, was geht und auch, was eben nicht geht!

Ich wünsche Samer Mohamad das Beste. Und ich wünsche dem Leser höchsten Lesegenuss beim Stöbern nach Erkenntnissen in diesem Buch.

Ich habe es schon gelesen und bin begeistert!

aus Düsseldorf   Unternehmer | Redner | Autor

VORWORT VON JULIEN BACKHAUS

Wenn sie auch neu sind, es sind und bleiben Medien.
Die neuen Medien werden oft als so mysteriös dargestellt, dass wir dabei etwas völlig außer Acht lassen: Es sind Medien – wenn auch neue Medien. Die große Gemeinsamkeit der klassischen und neuen Medien ist die Aufmerksamkeit, ohne die beide Welten nicht funktioniert.

Ich erinnere mich noch an die erste virtuelle Begegnung mit Samer 2016. Ich sah in meinem Facebook-Feed ein Video von einem bärtigen Araber, gelbe Krawatte und Einstecktuch, der lauthals etwas von Vertrieb und Social Media erzählte. Mir zwang sich der Gedanke auf, dass das »wieder so einer ist, der die neue Welle reitet«. Aber eines hatte er in dieser Sekunde gewonnen: meine Aufmerksamkeit. So kam es, dass ich ihn über Wochen immer wieder wahrnahm. Ich sendete ihm unverblümt eine Freundschaftsanfrage, die er annahm und wir kamen ins Gespräch. Ich fand die Story eines chancenlosen Syrers, der zum Facebook-Star avancierte und viel Geld damit verdiente, so spannend, dass wir im *ERFOLG Magazin* eine Seite über ihn brachten. »Vom Obdachlosen zum Facebook-Star«, so überschrieben wir die Geschichte. Und das war der Beginn einer Freundschaft.

Weil wir so grundverschieden in unserer Art sind, machen unsere Zusammentreffen besonders Spaß. Wir begannen, einige große Geschäfte gemeinsam abzuwickeln, mit denen wir beide viel Geld verdienten. Ich erinnere mich, als Samer zum ersten Mal bei mir im Privatjet mitflog. Wir saßen uns gegenüber in der Kabine und ich schrieb gerade eine E-Mail auf dem Smartphone zu Ende, als ich aufblickte und sah, dass er zu Allah betete. Es stellte sich heraus, dass er etwas Flugangst hat.

Dazu muss man wissen, dass Privatjets zwar sehr luxuriös, im Steig- und Sinkflug aber eher unruhig sind – da sie so viel kleiner und leichter als große Verkehrsmaschinen sind, sind sie anfälliger für Wind. Wir flogen seither noch viele Strecken privat und in München zu einem Termin sogar mit dem Hubschrauber. Das alles hat ihn anscheinend viel Überwindung gekostet, aber er sagte mir stets, dass er sein Leben nicht von Angst diktieren lassen wolle. Das ist eine bewundernswerte Einstellung und macht sicher einen großen Teil seines Erfolges aus. Er weiß um die Risiken – auch im Geschäftsleben –, aber er konzentriert sich immer auf die Chancen.

Samer produziert am laufenden Band Inhalte für seine Social-Media-Kanäle. Jedes Mal, wenn wir in einer Limousine sitzen, zückt er sein Smartphone, drückt es mir in die Hand, bittet mich, auf ihn zu halten und dann fängt er an, loszuschreien. Dann kommen Sätze wie: »Du musst verstehen, dass Dein Smartphone eine Vertriebswaffe ist. Mit diesem kleinen Ding in Deiner Hosentasche kannst Du reich werden, wenn Du es richtig einsetzt!« Ich bin immer ein wenig neidisch, weil ich mich solche frontalen Angriffe nicht traue. Ich produziere zwar auch massenhaft Videoinhalte, aber ich will dabei niemals konfrontativ wirken und lasse mich im Alltag filmen, statt direkt in die Kamera zu rufen.

In unserer unterschiedlichen Herangehensweise in den sozialen Medien steckt allerdings eine große Weisheit: Man darf sich niemals verstellen, und das tut Samer nicht. Er sagt immer zu mir: »Ich kann es nur auf diese Weise. Ich bin Araber und diese Lautstärke passt zu mir.« Da gebe ich ihm absolut Recht. Und deshalb kaufen es die Leute ihm auch ab, wollen Selfies mit ihm machen. Weil er sich traut, so zu sein, wie er ist. Menschen bewundern andere, die keine Maske tragen, und belohnen dieses Verhalten mit ihrem Vertrauen.

Um dauerhaft Erfolg in den Medien allgemein und in den sozialen Medien im Besonderen zu haben, tun Sie gut daran, ein wahrhaftes Image aufzubauen. Wenn Sie ehrlich sind, kann Ihnen kein Skandal oder Shitstorm etwas anhaben. Die

Leute verzeihen es Ihnen, solange Sie ehrlich damit umgehen. Wer einmal Vertrauen zu jemandem aufgebaut hat, will es in der Regel aufrechterhalten. Nicht zuletzt verhilft Ihnen die Onlinewelt dabei, auch in der klassischen Medienwelt wahrgenommen zu werden. Samers Geschichte ging um die Welt, als eine große deutsche Tageszeitung seine Geschichte aufgriff und viele Medien rund um den Globus diese Story weitererzählten. Die sozialen Medien sind deshalb ein gutes Sprungbrett, weil man Sie persönlich erleben kann. In Videos und Bildern können andere – auch klassische Medien – sehen, was in Ihnen steckt.

Die Beziehung, die Samer durch seine Social-Media-Aktivitäten zu seinen Followern aufbaut, baut er aus und schließlich mündet diese Beziehung auch in Umsatz. Denn wenn der Follower ihm vertraut und lernen will, wie Samer seinen Onlineerfolg zu Geld macht, folgt er ihm bereitwillig in seine kostenpflichtigen Angebote und gibt dieses Geld gerne aus.

Was ich bemerkenswert finde, ist, dass Samer all sein Wissen in dieses Buch geschrieben hat. Jeder kann dieses Buch als Regelwerk zur Hand nehmen und sein eigenes Online-Imperium aufbauen. Denn Medien haben schon immer für zwei Dinge gesorgt: Aufmerksamkeit und Umsatz – beides für Unternehmer essenziell. In diesem Buch lernen Sie alles, was Sie wissen müssen, um endlich in die neue Welt der sozialen Medien einzutauchen und ganz vorne mitzuspielen, statt immer hinterherzuhinken. Es ist an der Zeit, Gas zu geben und Geld zu verdienen. Mit *Like!*

Viel Vergnügen bei der Lektüre wünscht

Ihr Julien Backhaus
Verleger, Medienunternehmer und
Autor von *ERFOLG – Was Sie von den
Super-Erfolgreichen lernen können*

WARUM EIN WEITERES BUCH ÜBER FACEBOOK UND CO.?

Diese Frage könntest Du Dir zu Beginn dieser Lektüre natürlich stellen und sie hätte jede Berechtigung – schließlich findet man auf Amazon über 3000 Bücher zum Thema Facebook. Eine mehr als beachtliche Menge. Und dennoch hast Du zu diesem Buch gegriffen, was mich natürlich überaus freut. Und doch hat es auch spezielle Gründe, weshalb es dieses und nicht die über 3000 anderen in Deiner Hand ist. Genau diese Gründe sind es, die bestimmte Marken in den sozialen Medien so anziehend machen.

Was unterscheidet also das vorliegende Buch von allen anderen? Ich möchte ehrlich sein, da ich denke, dass Ehrlichkeit ein Wert ist, den wir gar nicht genug wertschätzen können: Dieses Buch beschreibt *meinen* Weg, meine »Learnings« – das ist der große Unterschied zu all den anderen Büchern auf dem Markt. Das bedeutet nicht, dass es nicht auch andere Wege gibt. Der Erfolg in den Social Media kann viele Gesichter haben – die Erfolglosigkeit jedoch auch. Ich zeige nicht, wie es andere Größen des Business geschafft haben. Das stünde mir auch nicht zu. Ich zeige, wie meine Kunden und ich es geschafft haben, erfolgreich auf einem Markt zu bestehen, der eigentlich schon »übervoll« mit Angeboten ist.

Scroll einmal durch Deinen Facebook-Feed! Was fällt Dir auf? Richtig, ganz viele Angebote zu unterschiedlichen Themen. Diese »Massenbeschallung« hat natürlich Auswirkungen. Es wird immer schwieriger, sich gewinnbringend zu positionieren. Dennoch gelingt es manchen Menschen, ihren gesamten Lebensunterhalt damit zu erwirtschaften. Das ist kein Zufall. Es ist vielmehr eine Mischung aus Persönlichkeit, Durchhaltevermögen, Ehrlichkeit und Klarheit. Besonders wichtig ist an dieser Stelle für mich der

Punkt Persönlichkeit. Du wirst keinen Erfolg haben, wenn Du andere Menschen kopierst. Das macht Dich austauschbar und das ist das Schlimmste, was Dir passieren kann.

Starke Marken lösen Emotionen aus. Im Extremfall sogar Hass oder Liebe. Das Wichtigste dabei: Es gibt kein Dazwischen. Wenn man vielen Menschen egal ist, stimmt etwas nicht. Sieh mich an: Ich polarisiere, ich ecke an. Das mache ich jedoch nicht, weil es eine gute Strategie darstellt, sondern weil ich eben so gestrickt bin. Das Leben hat mich so geformt. Alles andere wäre Maskerade und das Kartenhaus fiele früher oder später in sich zusammen.

Jeder, der behauptet, nur sein Weg sei der einzig Richtige, lügt. Ich betrachte mein Buch viel eher als Büffet an reichhaltigen Hinweisen, um mit Social Media Reichweite zu gewinnen und nachhaltig Geld damit zu verdienen. Doch es geht nicht nur darum allein. Klar, eine gewisse Reichweite muss man erzielen, um wahrgenommen zu werden. Doch in diesem Buch beweise ich, dass es gar nicht die großen Reichweitezahlen und Likes sein müssen, um nachhaltig erfolgreich zu sein. Es muss die richtige Reichweite für einen persönlich sein. Diese Benchmark sorgt für Kunden, die auch bereit sind, Geld auszugeben. Und darauf kommt es am Ende doch an. Nicht darauf, ob man drei Millionen Follower hat. Wenn ich die Wahl hätte zwischen zehn Millionen Likes und 100 000 Euro Umsatz, entscheide ich mich natürlich für Zweiteres. Ein Denkfehler, der oft passiert, ist nämlich, dass Masse mit Umsatz gleichgesetzt wird. Dem ist mitnichten so. Man kann auch mit relativ wenigen Followern ansehnliche Umsätze generieren.

Ich zeige hier, was bei mir funktioniert oder nicht funktioniert hat. Dies untermauere ich immer mit konkreten Beispielen aus meinem eigenen Business. Du nimmst Dir, was Du für richtig hältst.

Noch etwas: Ich bin kein Fan davon, dass das ganze Leben von jetzt auf gleich umgekrempelt wird. Veränderungen dürfen langsam und kontinuierlich vonstattengehen. Ich möchte nicht, dass Du Deinen Job, der Dir bestimmt genug Geld zum Leben einbringt (Warum sonst solltest Du ihn schließlich haben?), kündigst, um möglichst ein Internet-Star zu werden. Nein, ich möchte, dass Du Dir nebenberuflich und in kleinen Schritten ein Zusatzeinkommen erwirtschaftest. Wenn Du bereits selbstständig bist, musst Du nicht sofort Dein Kerngeschäft aufgeben, um in einem digitalen Sektor durchzustarten. Kleine, feine und vor allem tägliche Schritte machen in wenigen Jahren den erfolgreichen Unterschied. Alles andere wäre Business-Harakiri! Glaub mir, ich habe dies zuerst selbst sehr erfolglos praktiziert. Gib Dir selbst Zeit. Wer weiß, welche Chancen sich in wenigen Jahren ergeben? »Augen offenhalten und arbeiten« ist nun angesagt. Ja, Arbeit ist immer vonnöten. Ich bin keiner, der sagt, dass alles völlig automatisch und von allein laufen wird. Wer dies behauptet, lügt. So einfach ist das!

Was ich jedoch verspreche, ist, dass dieses Buch mehr als nur brauchbare Impulse darüber liefern wird, wie man Geld verdienen kann, und zwar ganz konkrete. Wenn Du meine Hinweise in Dein tägliches Tun einfließen lässt, dann wirst Du mehr Reichweite generieren und damit Geld einnehmen. Viel zu oft sehe ich Leute genau an diesem Punkt scheitern. Sie haben Reichweite en masse, wandeln diese jedoch nicht in Umsatz um. Manchmal ist dies freiwillig, doch in den meisten Fällen eher unfreiwillig. Das muss nicht sein.

Ich zeige in meinem Buch, wie ich meinen Weg beschritten habe. Sehr persönlich und ungeschminkt. Ich spreche unangenehme Wahrheiten an, die Dein Business in jedem Fall nach vorne katapultieren werden. Ist dieses Wissen auch woanders auffindbar? Die Antwort darauf lautet: ja und nein.

Ich erfinde die Dinge nicht neu. Ich bin eh der Ansicht, dass kaum Neues »erfunden« wird, schon gar nicht aus dem Nichts. Es gibt immer eine Grundlage. Die besondere Perspektive auf diese bereits bestehenden Dingen macht den Unterschied aus. Deshalb werde ich auch kurz von meinem Weg zum Social-Media-Profi berichten. Diese Geschichte kann Dir dabei helfen, Deine eigene Geschichte zu erzählen, sie kann Dir dabei helfen, Menschen auf Dich aufmerksam zu machen. Schlussendlich kaufen Menschen von Menschen, davon bin ich überzeugt.

Außerdem soll meine Geschichte Mut machen. Denn seien wir ehrlich: Ich hatte alles andere als gute Voraussetzungen für ein Social-Media-Imperium. Ich sprach die Sprache nicht, kannte die Kultur nicht und mein Weg war eigentlich vorgezeichnet. Mit den richtigen Entscheidungen kann man sein Leben jedoch nachhaltig positiv beeinflussen, wie ich es selbst an mir bereits bewiesen habe.

Vielleicht faszinieren mich Facebook und die sozialen Medien insgesamt auch genau deshalb: Sie sorgen für gleiche Chancen, egal wie die Ausgangsbedingungen sind. Egal ob man ein armer Schlucker oder ein reicher Sack ist – jeder hat die Chance, ein Imperium aufzubauen. Klar, der reiche Sack hat Vorsprung, doch der arme Schlucker kann diesen Vorsprung mit der richtigen Strategie aufholen.

Etwas, was dieses Buch besonders von anderen unterscheidet, sind die Motivationsspritzen, die ich darin gesetzt habe. Viel zu oft sehe ich, dass Menschen die perfekte Blaupause für ihren Erfolg in den Händen halten und dennoch scheitern. Das möchte ich verhindern. Ich möchte, dass Du am Ball bleibst, weil Du etwas machst, das Deinen eigenen Werten entspricht. Nur so wirst Du es schaffen, auch trotz des größten Gegenwinds, einen Fuß vor den anderen zu setzen.

Wie Du wahrscheinlich schon bemerkt hast, benutze ich das wertschätzende »Du« in meinen Formulierungen. Dies hat mehrere Gründe: Erstens bin ich so gestrickt, zweitens ist es die Ansprache, die vermehrt auf den Social-Media-Kanälen verwendet wird. Mir ist bewusst, dass dies Vor- und Nachteile hat, wie eigentlich alles im Leben, aber ich halte es trotzdem für angebrachter.

Ich freue mich jedenfalls auf unsere gemeinsamen Stunden mit diesem Buch und über jegliches Feedback von Dir.

In diesem Sinne wünsche ich viel Freude und viele neue Erkenntnisse bei der Lektüre.

Lippstadt, Januar 2019
Dein *Samer Mohamad*
www.samer-mohamad.com

DAS GELOBTE LAND

Keine Angst, an dieser Stelle folgt keine endlos lange Biografie. Ich werde nur in Ansätzen davon berichten, was mich ausmacht und was mich an diesen Punkt gebracht hat, an dem ich mich heute befinde. Dies alles ist auch deshalb wichtig, weil so der Social-Media-Auftritt menschlicher gestaltet werden kann. Niemand, der authentisch rüberkommen will, wird umhinkommen, private Dinge von sich preiszugeben. Wie viel, das entscheidet natürlich jeder für sich selbst. In manches muss man auch hineinwachsen, keine Sorge, wenn Du noch nicht so weit bist. Entscheidend jedoch ist, dass man Schritt für Schritt in die richtige Richtung geht. Es muss sich gut und richtig anfühlen, dann wird es auch funktionieren.

Wenn ich mich in meinem Umfeld so umhöre, ist die Stimmung in Deutschland äußerst negativ und es wird vor allem das Schlechte hervorgehoben. Natürlich könnte alles besser sein. Das kann es immer. Ich bin kein Mensch, der zwanghaft das Positive in den Vordergrund rückt. Ich bin jedoch auch niemand, der aus Prinzip schwarzmalt. Ich nehme das Negative an und gebe alles, damit sich die Dinge zum Guten wenden. Hin und wieder ergibt es jedoch Sinn, für die Gegebenheiten dankbar zu sein. Die Bewertung des Lebens ist immer eine Frage der Perspektive und vor allem der Alternativen, die einem zur Verfügung stehen.

Ich bin mehr als dankbar, hier in Deutschland gelandet zu sein. Ich halte nichts davon, dauernd Negatives breitzutreten. Davon wird schließlich nichts besser. Ganz getreu dem Motto: »Es gibt nichts Gutes, außer man tut es!« Negative Gedanken halten uns davon ab, Gutes zu tun. Da spare ich mir lieber die Energie, um positive Dinge in Gang zu bringen. Doch zurück zu den Alternativen, die einem zur Verfügung stehen. Da sah es für mich zu Beginn meines Lebens alles andere als rosig aus.

Wir schreiben das Jahr 1986, ich war gerade einmal vier Jahre alt, als mein Vater die Entscheidung traf, von Syrien nach Deutschland auszuwandern. Alles, was ihn antrieb, war die Hoffnung auf ein besseres Leben für uns Kinder. Machen wir uns nichts vor: Syrien war und ist noch immer ein Entwicklungsland. Seit 2012 herrscht dort ein grausamer Bürgerkrieg, der viel Leid im Land heraufbeschwört und Syrien in der Entwicklung sogar noch weiter zurückgeworfen hat. Ich kann es verstehen, wenn Familien dort keine Zukunft für sich sehen.

Mein Vater sah dies damals ähnlich. Unser Umfeld sagte uns, wir sollten nicht nach Amerika oder Australien, sondern ins Herz Europas, also Deutschland. In Syrien sprach man von Deutschland als gelobtes Land mit unbegrenzten Möglichkeiten. Also eigentlich eher etwas, was man über die Vereinigten Staaten behaupten würde. Doch damals sprach man von Deutschland auf diese Art. Also machte sich mein Vater mit uns auf den Weg.

Natürlich war dies ein großes Wagnis. Ich denke, dass schätzen immer noch viele Europäer falsch ein. Man verlässt seine Heimat nicht aus Jux. Das ist ein großer, mutiger Schritt. Schließlich gibt man alles auf, was einem lieb und teuer war. Man lässt seinen gesamten Besitz, aber auch Menschen zurück, ohne dass man weiß, wie es weitergehen wird. Man nimmt das mit, was man getragen bekommt und die Reise ins Ungewisse geht los. Wer würde schon freiwillig so ein Risiko eingehen? Für meinen Vater wäre es jedoch risikoreicher gewesen, wenn wir geblieben wären. So hatten wir wenigstens Chancen.

Unsere gesamte Hoffnung auf ein besseres Leben beruhte auf nichts anderem als diesen Gerüchten. Damals gab es ja auch noch kein Internet, in dem wir uns hätten erkundigen können. Das kann man sich heute nicht mehr vorstellen. Es gab auch kein Reisebüro, in das wir spazieren konnten, um die

Kataloge über Deutschland durchzustöbern. Alles war reine Vermutung.

Wenn man heute etwas über ein Land wissen will, gibt man es bei Google ein und ist innerhalb weniger Minuten auf dem Laufenden. Ganz zu schweigen von den ganzen Ratgebern, wenn man auswandern will. Für beinahe jedes Land gibt es sie. Man will wissen, welche Behördengänge in Spanien nötig sind? Einfach auf YouTube eine entsprechende Suchanfrage eingeben und man wird sehr schnell fündig.

Damals war eigentlich alles nur reine Spekulation. Doch das reichte meinem Vater, um das Wagnis der Auswanderung einzugehen. Wir wussten nicht, was uns erwarten würde. Eine völlig neue Sprache, eine für uns unbekannte Kultur. Doch ich kann mich erinnern, dass mein Vater sehr optimistisch in die Zukunft blickte. Ich weiß natürlich nicht, ob das nur für uns Kinder gespielt oder ob er tatsächlich überzeugt war. Er hatte immer unsere Möglichkeiten im Blick. Welche Zukunft hätte uns schon in Syrien erwartet? Keine rosige. In Deutschland gab es wenigstens die Chance auf ein besseres Leben.

Leben in Deutschland

Ich kann mich nicht an viele Dinge erinnern von unserer Ankunft. Meine ersten Erinnerungen hatte ich als sechsjähriger Junge. Kleinigkeiten haben sich in mein Hirn eingebrannt, die mich bis heute – knapp dreißig Jahre später – noch begleiten. Zum Beispiel, dass wir bei unseren Nachbarn ferngesehen haben, um zu erfahren, wie es um unsere Heimat bestellt war. Das war vor allem für mich spannend, weil ich kein Arabisch konnte.

Wir haben alles zurückgelassen und wollten natürlich mit unserer restlichen Familie, die in Syrien geblieben war, so gut es ging, Kontakt halten. Ich kann mich erinnern, dass wir immer wieder monatelang für Telefonate nach Syrien gespart haben. Es war unendlich teuer. In Zeiten von Skype und

Whats-App eigentlich ebenfalls unvorstellbar. Und dabei ist es noch gar nicht so lange her. Durch solche Erinnerungen lerne ich den Wandel ins digitale Zeitalter erst so richtig zu schätzen.

Als Alternative haben wir Briefe geschrieben. Ja, das machte man damals so. Mit Stift, Papier, Kuvert und Briefmarke. Doch die waren so lange unterwegs, dass die Neuigkeiten, die sich darin befanden, schon wieder verjährt waren, wenn sie endlich ankamen. Heute schickt man eine Mail und ein paar Sekunden später ist sie im Postfach des Empfängers. Das Internet verbindet.

Besonders meiner Mutter machte die Trennung von ihrer Heimat zu schaffen. Sie war bei ihrer Ankunft in Deutschland sehr jung. Doch wir machten das Beste draus. Wir versuchten, uns anzupassen. Das funktioniert nur über das Erlernen der Sprache und war somit das oberste Ziel unserer Eltern: so schnell wie möglich die Sprache zu lernen. Nur so würden wir vorankommen. Es war für uns selbstverständlich, denn Deutsch ist logischerweise der Schlüssel zur Gesellschaft. Wenn man kein Deutsch kann, kann man auch nicht integriert werden. So einfach ist das.

Ähnlich ist es mit Facebook. Es folgt einer gewissen »Logik«, einer gewissen »Sprache«. Beherrscht man diese, dann kann man sich erfolgreich darauf bewegen. Entweder man lernt selbst mit »trial and error« oder von Menschen, die das, was man selbst erreichen möchte, bereits erfolgreich umgesetzt haben. Ein wenig Rumprobiererei ist natürlich trotzdem noch Teil des Prozesses. Aber das macht es ja so spannend. Es ist wie ein Spiel. Manche Dinge funktionieren, andere wiederum nicht. Das macht nichts, auch im realen Leben treffen wir nicht immer die richtigen Entscheidungen und dennoch sind wir noch da.

Das digitale Zeitalter hat es auch leichter gemacht, die Sprache *nicht* zu lernen. Wenn ich mir heute Migranten ansehe, die auf ihrem Smartphone für den Führerschein in ihrer Landessprache lernen, dann denke ich mir, dass das doch nicht sinnvoll sein kann. Kommunikation hat mir so viel ermöglicht. Die Digitalisierung hat mir die Kommunikation ermöglicht. Deshalb ist es nötig, dass ich sie auch beherrsche. Ich kann dies gar nicht oft genug betonen. Natürlich ist der andere Weg leichter – das ist jedoch nicht meine Philosophie.

Schöne neue Welt

Ich bin der festen Überzeugung, dass wir nicht einmal in Ansätzen begriffen haben, was uns das digitale Zeitalter bisher möglich gemacht hat. Ich bin so dankbar, in den neunziger Jahren aufgewachsen zu sein, weil ich dadurch im Ansatz verstehe, was die neuen Chancen bieten. Schließlich bin ich ohne sie groß geworden und durfte Schritt für Schritt hineinwachsen in die neue Welt. Es war schon erstaunlich, mitanzusehen, wie diese digitale Flut all unsere Ecken des Lebens nach und nach ausfüllte. Zuerst eher langsam, so dass man es gar nicht richtig merkte. Es wurde innerhalb weniger Jahre immer leichter, ins Internet zu gelangen. Und mit dem Auftauchen der ersten Smartphones war es nun möglich, die gesamte digitale Welt in der Hosentasche mit sich herumzutragen.

Ich kann mich noch erinnern, als ich meine erste Musikkassette in meinen Händen hielt. Ich kann mich ebenso gut daran erinnern, als diese kaputt ging und ich sie mit Tesafilm wieder in Gang brachte. Für die jetzige Generation der *digital natives* unvorstellbar, dabei ist es noch keine fünfundzwanzig Jahre her.

Ich bin jedoch niemand, der der Vergangenheit nachtrauert, der alles glorifiziert und romantisiert, was früher war. Im Gegenteil. Ich schätze die Möglichkeiten der Gegenwart und der nahen Zukunft. Sie halten Schätze für uns bereit und je früher wir die richtigen Dinge machen, desto reicher werden wir beschenkt.

Wenn ich in den späten Neunzigern geboren worden wäre, dann wäre dies alles nun selbstverständlich für mich. Ich würde die Möglichkeiten weniger wertschätzen. Zumindest beobachte ich dies bei dieser Generation der *digital natives*. Sie haben die Digitalität quasi mit der Muttermilch aufgesogen. Doch wie heißt es in einem berühmten Song von Janet Jackson so schön: »You don't know what you got til it's gone!«

Wir können heute an jedem Ort jede Information in Bruchteilen von Sekunden einholen. Dies in den meisten Fällen sogar, ohne einen müden Cent dafür zu bezahlen. Früher musste man endlos Enzyklopädien wälzen – heute haben wir Wikipedia. Ich kann über Social Media mit Tausenden und Abertausenden Menschen Kontakt aufnehmen, wenn ich möchte. Auch dies funktioniert innerhalb von Sekunden. Früher brauchte man dafür Wochen, Monate oder Jahre, und hatte dennoch nicht diese Reichweite, diese Durchschlagskraft. Die Karten werden völlig neu gemischt. Neue Gesetzmäßigkeiten entstehen. In der virtuellen Welt bewegt man sich eben anders als im richtigen Leben.

Und wenn man es klug anstellt, kann man mit dieser Reichweite Geld verdienen, wie ich es tagtäglich unter Beweis stelle. Aus diesem Grund liest Du vermutlich auch das vorliegende Buch, um Hinweise darüber zu erhalten, wie man sein Business neu ausrichten oder überhaupt aufbauen kann. Ich habe es vorgemacht und jeder kann das auch schaffen.

Meine Firma namens Schule

Ich habe das gesamte deutsche Schulsystem durchlaufen. Rückblickend kann ich sagen: Es war eine absolut geile Zeit. Ich darf jedoch auch festhalten, dass ich keineswegs ein guter Schüler war. Was nicht der Grund war, warum ich eine fantastische Zeit hatte. Ich war eher ein sehr fauler Schüler, der das Nötigste gemacht hat, um über die Runden zu kommen. Eine gewisse Begabung war wohl durchaus vorhanden, aber ich war eben wenig bemüht. Irgendwie habe ich mich von Klasse zu Klasse durchgemogelt. Auch das ist eine Fähigkeit, die man nicht unterschätzen sollte.

Ab der sechsten Klasse wurden dann plötzlich andere Dinge interessant: Ich begann, mich verstärkt für das weibliche Geschlecht zu interessieren. Damit verbunden stieg das Interesse an Markenklamotten. Das Buhlen um die Aufmerksamkeit der Mädchen fand immer und überall statt. Ich kann mich noch gut erinnern, wie wir die jungen Damen dadurch beeindrucken wollten, wer auf der Kirmes die meisten Chips für den Autoskooter vorzuweisen hatte. Das alles war direkt oder indirekt mit Geld verbunden. Wenn man kein Geld zum Ausgeben hat, ist alles zu teuer. Selbst Haargel war für mich damals eine finanzielle Herausforderung. Geschweige denn Markenschuhe.

Es ist also schon offensichtlich, dass meine Voraussetzungen, um Mädchen zu beeindrucken, alles andere als günstig waren. Wie bei meiner Ankunft in Deutschland. Vielleicht prägte genau diese suboptimale Ausgangssituation meine Einstellung zu Geld. Ich wollte viel davon haben, weil wir als Familie nie welches hatten und nun musste ich mit anderen mithalten, ob ich wollte oder nicht. Die Kindheit und die anschließende Pubertät können diesbezüglich sehr grausam sein, weil sie zeigen, wo man sich einzuordnen hat. Zieht man mit oder gibt man auf?

Differenzierungen, Gruppenbildungen und sozialer Status finden genau zu diesem Zeitpunkt statt, in einer Zeit, wo man mit dem eigenen Körper, mit den eigenen Gefühlen eh schon überfordert ist. Es entscheidet sich, welchen Platz wir in der Gesellschaft einnehmen. Natürlich noch nicht in Stein gemeißelt, aber das Fundament wird gelegt. Und da Markenklamotten und sonstiger Schnickschnack vom vorhandenen Geld abhängen, brauchte ich es. Wenn ich sozial integriert sein wollte, dann brauchte ich es. Wenn ich hoch angesehen werden wollte, dann brauchte ich es. Ganz einfach. Ich hinterfragte nie den tieferen Sinn dahinter. Der wurde mir erst später klar.

Ich möchte an dieser Stelle auch nicht den moralischen Zeigefinger heben, aber in der Realität da draußen läuft es so, egal, ob es uns gefällt oder nicht. Wir müssen da dem Leben schon auch in die Augen sehen.

Hätte ich damals ein Smartphone gehabt, hätte ich mich abkapseln können. Es war also mein großes Glück, keines zu besitzen. So musste ich mich mit meinem Umfeld auseinandersetzen und den jeweiligen Herausforderungen stellen. Immer öfter fällt mir auf, dass schon Zwölfjährige mit einem Smartphone herumlaufen, das einige Hundert Euro kostet. Da frage mich immer wieder, wie die sich das leisten können, aber der soziale Druck auf die Eltern und auf die Kinder sorgt wohl dafür. Wir wollen zeigen, was wir haben, selbst oder vor allem, wenn wir es nicht haben. Ironischerweise sorgt dann genau das Smartphone dafür, dass man sich abkapselt von seiner näheren Umgebung. Man erreicht oftmals das genaue Gegenteil von dem, was man eigentlich beabsichtigt hatte.

Zurück zu mir und meiner Geschichte. Als ältester Sohn von sechs Kindern konnte ich nicht einfach zu meinen Eltern sagen: »Ey, Papa, ich brauche 150 Mark für die neuen Nikes und wenn Du schon mal Deine Brieftasche in der Hand hast, dann kannst Du auch gerne noch mal 50 Euro draufpacken, da ich heute ein Kino-Date mit einem süßen Mädel habe.« Natürlich habe ich es versucht, das kann man wohl glauben. Und natürlich hat es niemals funktioniert. Wir hatten einfach wenig Geld und das wenige Geld musste für acht Personen reichen. Es gab nun mal keinen Platz für Sonderwünsche.

Aber ich möchte an dieser Stelle nicht jammern. Ganz im Gegenteil: Ich bin sehr dankbar für diese Erfahrungen. Wieso? Na, weil ich kreativ werden musste im Geldverdienen. Der soziale Druck sorgte dafür, dass ich mich mit dem Thema Geld und der Frage, wo ich es herbekommen konnte, beschäftigen musste. Hätte damals mein Vater das Geld gehabt und es mir gegeben, würde ich heute höchstwahrscheinlich nicht dieses

Buch schreiben. Wenn ich alles in meinen Hintern geschoben bekommen hätte, wäre ich wahrscheinlich zu satt und zufrieden gewesen, nicht hungrig nach Erfolg.

Geld musste her, das stand fest. Da es das Internet in dieser Form, wie wir es heute kennen, damals nicht gab und ich auch, ehrlich gesagt, null Ahnung davon hatte, musste ich mir etwas anderes einfallen lassen. Ich nahm mir Zettel und Stift, dann schrieb ich mir auf, was die Jungs und Mädels an meiner Schule zum damaligen Zeitpunkt für cool hielten. Daraus entstand eine Liste von Produkten, die ich nach Begehrlichkeitsfaktor und Preis unterteilte. Am Ende kamen Computerspiele, Fußballsticker, Musik-CDs und Parfum heraus. So weit, so gut. Allerdings hatte ich kein Kapital, um irgendetwas von diesen Dingen zu besorgen. Ich war erst 14 und in der achten Klasse, als ich diese Liste schrieb.

Wie oft kommt einem der Gedanke im Leben, dass es diese eine geniale Idee gibt, jedoch kein Geld, um sie umzusetzen? Wie oft schießt einem der Gedanke durch den Kopf, wie geil es wäre, wenn man mit seiner Leidenschaft oder mit seinem Hobby Geld verdienen könnte – oder gar ein Imperium daraus aufbauen könnte? So weit habe ich damals nicht gedacht, ich wollte einfach nur die Mädels beeindrucken. Das reichte für mich als Motivation völlig. Heute habe ich selbstverständlich ganz andere Motivationsfaktoren, die mich antreiben.

Gleichzeitig weiß ich, dass Geld nicht die Basis für Erfolg sein muss. Oft ist das Gegenteil der Fall: Durch erfolgreiches Agieren folgt Geld von ganz allein. Fehlende Geldmittel werden leider allzu oft als Ausrede genommen, um entweder überhaupt nicht tätig zu werden oder aber um Ausreden fürs eigene Scheitern zu haben. Doch Ausreden bringen einen im Leben nicht weiter. Niemals. Auch Steve Jobs hatte keine Millionen, als er in der Garage mit seinen Freunden die Firma Apple gründete. Die Millionen kamen danach.

Mit den kargen Mitteln, die mir zur Verfügung standen, musste ich also einen Hebel finden, der mir Liquidität brachte. Also lief ich zu meiner Mutter und lieh mir bei ihr 100 D-Mark.

Diese 100 D-Mark – nach dem ursprünglichen Umrechnungskurs wären das heute ca. 50 Euro – bildeten den Grundstein für mein Business. Denn davon kaufte ich in dem Computerladen, der bei uns im Haus war, CD-Rohlinge, also unbeschriebene CDs, ohne Inhalt. Ich machte die Kids an meiner Schule ausfindig, die meistens aus wohlhabenden Familien kamen und die bereits eine ordentliche Sammlung an CD-ROM-Spielen sowie aktuellen Musikalben besaßen. Ein Album von einem bekannten Musiker hat damals an die 40 D-Mark gekostet und ein gutes PC-Spiel an die 60 D-Mark. Ich sah hier für mich eine gute Chance, Geld zu verdienen.

Also machte ich den wohlhabenderen Kindern folgendes Angebot: Wenn sie mir die Musikalben liehen, bekamen sie pro Woche 5 D-Mark Leihgebühr. Ich wiederum kopierte die CDs auf die Rohlinge. Das stellte für beide Seiten ein gutes Geschäft dar und viele willigten in den Deal ein. Die Rechnung ging auf und einige Tage später war mein Schulrucksack voll mit kopierten Musikalben und PC-Spielen.

Ich erstellte eine Preisliste und nahm fortan Bestellungen an. Innerhalb von nur acht Tagen hatte ich nicht nur über 30 Bestellungen, sondern konnte meiner Mutter die geliehenen 100 D-Mark wiedergeben, und die ganze Schule kannte meinen Namen. Jetzt lassen wir mal beiseite, dass die ganze Aktion rechtlich, aufgrund des Kopierschutzes, illegal war. Ich würde nie jemandem raten, das Gesetz zu brechen. Raubkopien sind kein Kavaliersdelikt. Früher oder später fliegt man damit einfach auf. Ich wusste es damals einfach nicht besser, oder besser gesagt, ich wollte es nicht wissen. Die Quittung dafür bekam ich nur kurze Zeit später.

Klar, ich verdiente, wenn auch illegal, gutes Geld. Doch was viel wichtiger war: Ich lernte die Mechanismen eines lohnenden Business kennen. Dazu muss man manchmal die Regeln brechen, jedoch niemals das Gesetz, wie es Arnold Schwarzenegger in seiner berühmten Rede »The six rules of success« beschreibt. Gesetze sind in Gesetzestexten festgehalten. Sie sorgen dafür, dass wir nicht zu Schaden kommen oder anderen Schaden zufügen. Gesellschaftliche Regeln sind etwas völlig anderes. Diese stehen nirgends geschrieben und sind auch nicht in irgendeiner Form verpflichtend. Dennoch hält sich der Großteil der Gesellschaft daran. Beispielsweise: »Du sollst brav in der Schule sein, damit Du später einen guten Job hast, der Dir die Rente sichert.« Es kann niemand verklagt werden, wenn er diese Regeln bricht. Arnold Schwarzenegger ist dafür wirklich ein tolles Beispiel. Der hat gegen jede erdenkliche Regel der damaligen Zeit verstoßen, um Bodybuilder, Filmstar und Politiker zu werden. Seine Eltern hätten es viel lieber gesehen, dass er Polizist in der schönen Steiermark wird. Er hat sich anders entschieden und das Ergebnis ist allseits bekannt.

Ich begann relativ schnell, Gefallen daran zu finden, Geschäfte zu machen. Klar, mit vollen Hosen ist es leicht, zu stinken. Doch genau in diesem Moment ist es passiert: Samer Mohamad, der Geschäftsmann, war geboren.

Die Geschäfte florierten und ich fing an, einen auf dicke Hose zu machen. Hochmut kommt bekanntlich vor dem Fall. Dies zeigte sich unter anderem daran, dass ich das verdiente Geld mit vollen Händen aus dem Fenster warf. Die Kombination aus 500 bis 800 D-Mark an Einnahmen pro Monat und der Tatsache, dass ich als Vierzehnjähriger das erste Mal überhaupt Geld ausgeben konnte, war schon besonders. Ich legte keine müde Mark zur Seite, um mich auf schwierigere Zeiten vorzubereiten. Ich bildete keine Rücklagen, wie es jeder gut kalkulierende Unternehmer tun sollte. Das war wahrlich keine gute Idee, wie sich bald herausstellte. Nur, dass der Fall so schnell eintreten würde, war nicht abzusehen. Ich dachte, es würde ewig so weitergehen, beziehungsweise ich wünschte mir eine Fortsetzung meiner Erfolge.

Mein schneller und unerwarteter Erfolg schien sich genauso schnell wieder in Luft aufzulösen, wie er gekommen war, weil sich das Blatt gegen mich wendete. Ich bekam in meinem jungen Business sehr schnell Konkurrenz. Die kostenlose Musik-Download-Software Napster eroberte den Markt in

Windeseile. Dort konnte jeder seine Musik kostenlos herunter-
laden. Hier machte das Internet mir einen Strich durch meine
unternehmerische Rechnung.

Das war jedoch nicht der einzige Gegenwind. Wenn es
schiefläuft, dann richtig. Es gibt da einen berühmten Satz, das
sogenannte Murphys Gesetz: »Alles, was schiefgehen kann,
wird auch schiefgehen!« Denn genau zu dem Zeitpunkt, als
der Abschwung kam, setzte mir mein ehemaliger Klassenleh-
rer die Pistole auf die Brust. Natürlich blieben meine Geschäfte
nicht im Verborgenen. Ich selbst hatte ja genug dazu beigetragen, dass das so war. Er »empfahl« mir dringend, diese illegalen Geschäfte sofort zu beenden, sonst würde er mich bei
der Polizei melden, was mir eine unheimliche Angst machte.
Natürlich hatte er Recht. Im Nachhinein bin ich ihm sehr dankbar, denn das hätte wirklich übel ausgehen können für mich.
Er wollte mich nur schützen. Heute sehe ich es so, damals
habe ich ihn verdammt.

Das war es also für mich. Dem Erfolg so nah und doch so
fern. Nicht einmal 15 Jahre alt und schon die erste Pleite hinter
sich. Eine Niederlage, die so richtig wehtat. Ich kann es jetzt
noch spüren, wenn ich daran denke. Das Wort »Pleite« ist vom
Klang her schon ekelhaft. Es hat sich so angefühlt, als ob ich
monatelang für eine Klassenarbeit gelernt und sie anschließend richtig versemmelt hätte. Nie wieder Markenklamotten?
Nie wieder meinen Kumpels eine Cola und Pommes ausgeben können? Ich weiß, das hört sich etwas kindisch an, doch
genau das waren meine Gedanken damals.

Die Pleite machte sich bei mir als Erstes bemerkbar, als ich
nicht mehr mit meinen Kumpels ins Kino gehen, geschweige
denn mir neue Torwarthandschuhe leisten konnte. Ohne Geld
wirst du von der Gesellschaft ein Stück weit ausgeschlossen.
Das fängt bereits im Kindesalter an und wird im Erwachsenenalter immer extremer. Doch dies hatte auch etwas Gutes. Ich
weiß, was ich niemals, also wirklich nie mehr in meinem Leben durchleben möchte.

Solch eine Niederlage stellt einen Wendepunkt im Leben dar. Entweder man kommt zu der Entscheidung, nie mehr etwas in diese Richtung zu unternehmen, oder aber man bekommt dadurch erst die Motivation, es in Zukunft besser zu machen. Bei mir griff Zweiteres. Ich wollte Erfolg und lernte aus dieser Niederlage. Man kann also sagen, dass mich mein erstes Scheitern maßgeblich »inspirierte«. Es beeinflusst selbst heute noch meine geschäftlichen Entscheidungen auf eine gewisse Art und Weise. Ich weiß, worauf ich achten muss, um ein wirklich nachhaltiges Business aufzubauen.

Selbstständig in die Zukunft

Viele Menschen da draußen haben den dringenden Wunsch, mehr Geld zu verdienen oder einfach ein Leben in Freiheit aufzubauen. So wie ich damals als Teenager. Ist dies im Angestelltenverhältnis möglich? Ich denke nicht. Natürlich gibt es immer wieder Ausnahmen, doch die Masse der Angestellten wird dies nicht von sich behaupten können, so ehrlich muss man tatsächlich sein. Es ist vielleicht auch gar nicht für jeden erstrebenswert. Vielleicht brauchen viele diese fixen, vorgegebenen Abläufe in ihrem Leben. Dann müssen sie aber auch ehrlich zu sich selbst sein und nicht einerseits darüber jammern, dass ihnen alles vorgegeben wird, während sie aber eigentlich genau dies zu brauchen glauben. Das ist scheinheilig. Wenn man jedoch wirklich Herr über seine Zeit und Finanzen werden will, ist die Selbstständigkeit der richtige Weg. Wie bereits in der Einleitung geschrieben, muss dies nicht von heute auf morgen geschehen. Es kann auch nebenberuflich reifen und sich Schritt für Schritt steigern.

Angestellt zu sein, hat sicherlich Vorteile, doch es hat auch massive Nachteile – wie die Selbstständigkeit, nur eben bei anderen Aspekten. Fakt ist, dass in der Selbstständigkeit einfach mehr Freiheiten vorherrschen und die Verdienstmöglichkeiten – theoretisch – uneingeschränkt sind. Dafür trägt aber jeder zu 100 Prozent die Verantwortung für seine eigenen (guten und weniger guten) Ergebnisse. Dies ist sowohl sehr einfach als auch zugleich schwierig umzusetzen. Weshalb eigentlich?

Sich selbstständig zu machen, erfordert Mut und Schritte aus der Komfortzone, in eine ungewisse Zukunft. Heutzutage sehen wir eher die Gefahren statt der Chancen, die sich bieten. Wenn man wirklich erfolgreich sein will in der Selbstständigkeit, dann muss man an seinem Chancenbewusstsein arbeiten. In absolut jeder Situation, die man erlebt, liegen Chancen und Lernmöglichkeiten – und das immer. Ich weiß, dass dies in schwierigen Zeiten ebenso schwierig umzusetzen ist, doch wenn es einmal gelingt, ist man nicht mehr aufzuhalten.

Einem Freund von mir erging es so. Er wurde von seiner Frau für einen anderen Mann verlassen, nachdem sie 20 Jahre lang ein Paar gewesen waren. Außerdem hatten sie drei gemeinsame Kinder und ein Haus. Natürlich ging es ihm zu jener Zeit mehr als bescheiden, doch sein Coach hat ihm die folgende Frage gestellt: »Was ist das Geschenk hinter diesem ganzen Prozess?«

Es ist leicht, sich auszumalen, dass er auf diese Frage sehr sauer reagiert hat. Doch es arbeitete in ihm. Er suchte nach positiven Aspekten und fand sie. Er konnte nun sein Leben wieder so leben, wie er es für richtig hielt. Er machte sich selbstständig. Er fand eine neue Partnerin, die ihn liebt. Er baute eine bessere Beziehung zu seinen Kindern auf, obwohl er nicht immer anwesend war. Wie ich bereits gesagt habe: In jedem Schlechten gibt es auch etwas Gutes, das gefunden werden will. Es liegt an jedem von uns, die Detektivarbeit, den Suchprozess zu übernehmen.

Wenn wir Geld verlieren, ist es die Chance, unsere Entscheidungen gründlicher unter die Lupe zu nehmen oder Geld auf die Seite zu schaffen für die dunkle Zeit. Wenn ein Geschäftspartner aus unserem Business aussteigt, ist dies die Chance, einen besseren zu finden. Wenn ein Business den Bach runtergeht, muss ein neues gefunden werden. Es gibt kein Scheitern! Es gibt nur Resignation und Feigheit! Welchen Weg willst Du beschreiten?

Betrachten wir das Ganze mal objektiv! Die Chancen in Zentraleuropa, die Chancen, die uns die digitale Gegenwart zur Verfügung stellt, sind unglaublich, unermesslich. Nicht zu vergleichen mit der Situation vor 20 oder 30 Jahren. Es sind völlig verschiedene Realitäten.

Für den 15 Jahre alten Samer gab es damals nichts zu lachen. Das Internet hat ihm sogar seine Businessgrundlage entzogen, wenn wir die Illegalität einmal kurz außen vor lassen. Bereits zu diesem Zeitpunkt fühlte man die Macht des digitalen Wandels. Ich wusste nur noch nicht, wie ich sie richtig einzuordnen und für mich zu nutzen hatte.

Es gibt unendlich viele Möglichkeiten, Geld zu verdienen. Außerdem werden sie mit jedem Tag mehr. Wenn ich heute darüber nachdenke, dass man für unter 500 Euro über die sozialen Medien ein lukratives Geschäft aufbauen kann, ohne sein Haus oder die eigene Wohnung verlassen zu müssen, dann zaubert es mir ein Lächeln ins Gesicht! Ich will mir gar nicht ausmalen, wie es gekommen wäre, wenn ich mit maximal zwei Klicks über die sozialen Medien nicht nur die weiterführenden Schulen erobert hätte mit meinen Produkten, sondern auch jede Schule in ganz Deutschland. Ohne damals auch nur einen müden Pfennig ausgeben zu müssen.

Facebook selbst entstand aus einer ähnlichen Spielerei, ohne überhaupt einen Businessanspruch zu haben. Mark Zuckerberg und seine Kommilitonen haben einfach ein Programm geschrieben, mit der sie Studentinnen an ihrer Uni nach ihrem Aussehen »bewerten« konnten. Kein sehr ruhmreicher Start, aber der Erfolg spricht für sich. Weil es so großen Anklang fand, wurde es zu einer Plattform weiterentwickelt, auf der sich Menschen austauschen, ihre Bilder, ihre Texte und ihre Videos posten konnten. Die Gründung war 2004 und inzwischen ist es die führende Social-Media-Plattform. Höchstwahrscheinlich kennst Du mich auch von genau dort, weil ich da sehr aktiv bin. Dass Du dieses Buch in den Händen hältst, beweist die Strahlkraft von Facebook.

Ich kann mich noch gut daran erinnern, dass 2012, als die Aktie erstmals zum Verkauf angeboten wurde, nicht einmal klar war, ob Facebook jemals schwarze Zahlen schreiben würde oder mit welchen Mitteln das überhaupt erreicht werden könnte. Die Kritiker meinten damals, dass sie nicht wüssten, wie Facebook überhaupt Geld einnehmen könne. Schließlich werden ja nur bunte Bildchen vom eigenen Essen gepostet. Nun gut, das war eine Fehleinschätzung der Analysten – und was für eine. 2018 hatte das Unternehmen über 27 000 Mitarbeiter und wies einen Umsatz von beinahe 41 Milliarden Dollar aus. Der Jahresüberschuss 2017 betrug fast 16 Milliarden Dollar. Noch Fragen?

Smart Business

Man muss sich mal vorstellen, dass die Nutzerzahl von Smartphones von 6,3 Millionen auf 57 Millionen »User« angestiegen ist – von 2009 bis 2018. In nicht einmal zehn Jahren ist das beinahe eine Verzehnfachung. Eine unglaublich rasante Entwicklung, die man da beobachten kann. Die Verbreitung der Smartphones in der Gesellschaft sorgt dafür, dass wir unser Büro mit uns in der Jackentasche herumführen. Es ist das Portal zu Millionen potenzieller Kunden. Wie gesagt – vor wenigen Jahren noch unvorstellbar. Doch genau das macht Innovation aus. Sie ist nicht im Detail vorhersagbar. Deshalb wissen wir auch nicht, wie sich die Zukunft entwickeln wird. Eines ist dennoch sicher: Der Wandel wird schneller und tiefgreifender als alles, was wir zuvor erlebt haben. Täglich kommen neue Anwendungen und damit neue Geschäftsmöglichkeiten hinzu. Ich schreibe mich hier wirklich in einen Rausch und wiederhole mich in dem Punkt gerne: Ich bin fasziniert von den Gegebenheiten und sehe eine positive Zukunft für uns Unternehmer.

Eine Umfrage (vom Statistischen Bundesamt) zum Besitz von Smartphones bei Kindern und Jugendlichen in Deutschland im Jahr 2017 zeigt, dass rund 18 Prozent der acht- bis neunjährigen Kinder ein eigenes Smartphone besitzen.[1] Ich möchte dies hier nicht moralisch bewerten. Ich möchte nur darauf hinweisen, welche gesellschaftlichen Auswirkungen dies in wenigen Jahren haben kann. Ich kenne noch immer Menschen in meinem persönlichen Umkreis, die Hemmungen haben, über das Internet Produkte zu kaufen oder zu konsumieren. Mit jedem Jahr, das verstreicht, treten neue potenzielle Kunden in den digitalen Markt ein. Eine riesige Chance für jeden, der dies verstanden hat.

Zehnjährige Teenager kennen es heutzutage gar nicht mehr anders. Sie surfen mehrere Stunden am Tag im Internet. Am Smartphone, am Laptop, am Tablet – völlig egal. Und natürlich werden sie, wenn sie das geschäftsfähige Alter erreicht haben, ihre Ein- und Verkäufe über das Internet abwickeln. Onlinepayment wird für sie so natürlich wie für unsere Generation das gute, alte Sparbuch. Vielleicht werden sie auch nicht mehr mit Euro oder Dollar bezahlen, sondern in einer völlig neuen Währung. Wer weiß? Die Kryptowährungen könnten zur Normalität werden oder eben eine andere Form von Geld oder Bezahlmöglichkeiten.

Es gibt immer weniger Tabus in der heutigen Zeit, alles kann hinterfragt und somit weiterentwickelt werden. Nichts kann sich dem Wandel entziehen. Nicht unsere traditionellen Werte, nicht die Art, wie wir zusammenleben oder wie wir Geld verdienen. Die entscheidende Frage ist, inwieweit wir darauf vorbereitet sind. Noch immer bewegen wir uns in den Kinderschuhen, was diese Entwicklung angeht. Sie hat zwar begonnen, doch nun entwickelt sie sich in die Tiefe. Es werden Dinge vorstellbar, die bis jetzt ohne diese Technik nur in den Romanen von Science-Fiction-Autoren eine Rolle spielten. Wer hätte vor Kurzem gedacht, dass man ein Studium bequem vom eigenen Küchentisch aus absolvieren kann? Diese

Dinge sind nicht aufzuhalten, sie bringen uns näher zusammen, obwohl wir örtlich weit voneinander entfernt sind.

Die Infizierung mit dem Erfolgsvirus

Die Faszination, ein eigenes Geschäft aufzubauen, hat mich seit meinen Anfangserfolgen im illegalen »Kopierbusiness« nicht mehr losgelassen. Ich war mit dem Erfolgsvirus infiziert und dies schon in so jungen Jahren. Dennoch musste ich mir erst einmal eine geeignete Ausbildungsstelle nach meinem Schulabschluss suchen, so wollten es meine Eltern. Da ich mich zu spät beworben hatte, waren die meisten Ausbildungsstellen besetzt, so dass ich ein Berufsgrundschuljahr in Informatik besuchte.

Begriffe wie Datenbanken, Access, Excel, Netzwerke oder Webdesign waren für mich absolutes Neuland und ich konnte mit diesen Fächern nichts, aber auch gar nichts anfangen. Nicht einmal in Ansätzen. Es ist lustig, wenn ich so über damals nachdenke, und was aus mir dann werden sollte. An mir und meiner Biografie sieht man also sehr gut, dass man überhaupt keine Leidenschaft oder Begabung für den Computerbereich braucht, um erfolgreich in den sozialen Medien unterwegs zu sein. Also Kopf hoch, auch wenn Du kein Computerfreak bist: Die Chance lebt dennoch.

99 Prozent meiner Klassenkameraden waren Nerds, wie man sie aus der Sitcom *The Big Bang Theory* kennt, allerdings eben nur auf Computer und nicht auf Wissenschaft spezialisiert. Ein klassischer Informatikkurs eben. Die interessierten sich ausschließlich für den Rechner. Nicht für Partys oder für das andere Geschlecht. Ein ziemlicher Kulturschock für mich. Das Allerschlimmste war jedoch, dass es nur ein einziges Mädchen in der Klasse gab. Schnell stellte sich mir die Frage, wie ich es ganze zwölf Monate hier aushalten sollte. Ich hatte wenig Lust, in den Unterricht zu gehen, was sich wiederum in immensen Fehlstunden niederschlug. Eine Kettenreaktion war

die Folge, denn mein Zeugnis spiegelte natürlich genau diesen Lustpegel wider.

Weshalb erzähle ich das? Ich möchte Mut zusprechen. Gleichzeitig möchte ich dafür sorgen, dass die Entscheidungen nicht mehr von Ausreden beeinflusst werden. Mein guter Freund und Medienunternehmer, Julien Backhaus, sagt immer wieder in seinen Interviews: »Nennen Sie mir irgendeine Ausrede und ich zeige Ihnen mindestens zehn Personen, die es trotz ihrer suboptimalen Ausgangssituation geschafft haben!« Er hat absolut Recht damit.

Ich bin heute der lebende Beweis dafür, dass man ohne jegliches Fachwissen in Informatik oder sonst einem artverwandten Bereich ein profitables Business von zu Hause aus starten kann. Ich bin in diesem Buch so offen wie möglich. Welcher Chef würde jemanden mit sieben Fünfern und vier Sechsern im Abschlusszeugnis der Berufsfachschule zum Bewerbungsgespräch einladen? Meine Perspektive war schlechter als nur suboptimal.

Ich stand nun wieder ohne Geld da und wusste nicht, was ich mit meinem Leben anfangen sollte. Diese Hilfs- und Orientierungslosigkeit bekam natürlich auch meine Familie mit. Mein Bruder, der bei einer großen Fastfood-Kette beschäftigt war, sagte mir, dass sie gerade Aushilfskräfte suchten. Vielleicht wäre dies ja was für mich, um ein paar Kröten dazuzuverdienen. Ich hatte keine Wahl und sagte zu. Es war eine harte Entscheidung für mich. Ich wusste zwar nicht genau, was ich machen wollte, aber dass ich nicht in einer Fastfood-Kette arbeiten wollte, war mir klar.

Doch auch hier gab es Chancen und Vorteile. Ich verdiente zwar nicht gut, konnte mir aber eine Einzimmerwohnung leisten. Immerhin. Für jemanden, der mit null Euro gerechnet hatte, war der regelmäßige Lohn eine massive Steigerung. Doch ich sollte nicht länger als zwölf Monate dort arbeiten. Während meiner Zeit als Aushilfskraft war ich auf StudiVZ aktiv. Das war wie eine Art Vorreiter von Facebook im deutschsprachigen Raum. Dort lernte ich, wie man sich im digitalen Bereich bewegte, wie man nachhaltige Kontakte aufbaut und hält.

Als mir das erste Mal von dieser Plattform erzählt wurde, gefiel mir der Gedanke sofort, dass man sich dort mit seinen Freunden, Schulkameraden und neuen Menschen vernetzen konnte. Auch die menschliche Neugier trieb mich an, ich wollte schauen, was meine Freunde auf der Pinnwand gepostet und was sie für Fotos hochgeladen hatten, wie geil deren Party am Wochenende gewesen war, all das interessierte mich brennend. Ich würde sogar so weit gehen und sagen, dass ich süchtig nach StudiVZ war. Da es zu dem Zeitpunkt auch keine Smartphones gab, bin ich wie ein Junkie nach der Arbeit zu meinem Laptop gelaufen, um zu schauen, welche Neuigkeiten und Nachrichten in meinem Postfach auf mich warteten. Die sozialen Medien hatten mich in ihren Bann gezogen.

Vom Burgerbrater zum Unternehmer

Burger zu braten, war nicht das Idealbild meiner eigenen Zukunft. Deshalb las ich Erfolgsbücher, wann immer ich mich vom Laptop losreißen konnte. In jeder Pause griff ich zu Tony Robbins' Buch *Das Robbins Power Prinzip*. Robbins ist einer der angesehensten Coaches und Redner der USA. Er ist Berater von Showgrößen und Politikern. Er füllt ganze Hallen mit seinen Ausbildungen und Vorträgen. Wenn es jemand auf dem Sektor geschafft hat, dann er. Er weiß also, worüber er spricht. Und dennoch tat ich mich schwer, ihm zu glauben. Das hatte aber weniger mit ihm und seinen Inhalten zu tun als vielmehr mit mir.

Er erzählte in seinem Buch irgendetwas davon, dass man alles erreichen könne in seinem Leben, finanziell, beruflich, privat und auch körperlich. In dem Moment dachte ich mir nur, dass der Typ gut reden habe. Ich hingegen brate fast den ganzen Tag Burger, rieche nach Bratenfett und muss mich von genervten Restaurantgästen beleidigen lassen, weil ihre Bestellung fünf Minuten länger gedauert hat als erwartet. Und jetzt wollte mir dieser amerikanische Fatzke erklären, dass das alles gar nicht sein müsste. Ich habe mich damals ziemlich über dieses Buch und über die Überheblichkeit des Autors geärgert. Bis ich erkannte, dass es meine eigene Überheblichkeit war, die mir den klaren Blick auf die Dinge verstellte.

Obwohl oder vielleicht gerade weil mich das Buch aufregte, brodelten die Inhalte und Aussagen des Buches in mir weiter. Still und leise. Bis dann irgendwann der Tag kam, an dem ich mir dachte: »Mensch, Junge, hör auf Deine Eltern und such Dir eine Ausbildungsstelle!«

Mit der Aussicht auf einen beruflichen Aufstieg bewarb ich mich in meiner Heimat bei Bad Pyrmont bei einem exklusiven Herrenausstatter und setzte mich – dank meiner großen Klappe – gegen die anderen Bewerber, mit teilweise deutlich mehr Erfahrung, schlussendlich durch. Es ist wohl nicht allzu schwierig, zu erraten, wo ich die Stelle herhatte: natürlich aus der örtlichen Tageszeitung. Heute würde man einfach auf Facebook auf das gewählte Firmenprofil gehen und dem Unternehmen eine private Nachricht schicken. Wie einfach und unkompliziert doch sogar der Bewerbungsprozess geworden ist.

Tatsächlich machte mir die Ausbildung dort sehr viel Spaß, denn ich lernte nicht nur von der Pike auf den Verkauf, sondern auch entsprechende Umgangsformen. Ich lernte nicht nur, wie ich mich zu kleiden hatte, sondern vor allem Dinge, die meine Menschenkenntnis förderten.

Zum ersten Mal machte mir Arbeit Spaß, doch das Geld war einfach noch immer zu knapp. Rückblickend bin ich selbst für diesen damaligen Geldmangel mehr als dankbar. Wenn ich genug Geld verdient hätte, hätte ich nicht mein Hirn anstrengen müssen. Es bewahrheitet sich wieder, es hatte alles seinen Sinn, auch wenn ich es damals noch nicht verstand. Im Gegensatz zu heute.

Das Ausbildungsgehalt reichte mir natürlich nicht, so dass ich wieder an die Sätze von Tony Robbins denken musste. Ich machte mir Gedanken, wie ich – dieses Mal legal – zusätzlich zu meinem Ausbildungsgehalt zu Geld kommen konnte. Mein Job beim Herrenausstatter ließ mir jedoch nicht viele Möglichkeiten. Ich war zeitlich so eingeteilt, dass ich nicht auch noch am Abend irgendwo anders kellnern konnte. Nach einer Kanne Kaffee und einer ganzen Schachtel Zigaretten war mein Entschluss gefasst, über StudiVZ Sachen zu verkaufen. StudiVZ bot mir die Möglichkeit, mit Menschen in ganz Deutschland in Kontakt zu treten.

Der nächste Schritt war, ihnen Sachen zu verkaufen, die sie benötigten oder glaubten zu benötigen. Also eigentlich münzte ich die Strategie aus meiner Schulzeit einfach auf diese Social-Media-Plattform um. Dies konnte ich nebenberuflich realisieren und nach oben hin gab es keine Grenzen. Theoretisch könnte ich die ganze Welt mit Sachen beliefern, die sie gerne besitzen würden.

Ich beschloss, mich auf Parfums sowie Mobilfunkverträge zu spezialisieren. Morgens, vor der Arbeit, veröffentlichte ich die entsprechenden Angebote und kommunizierte bereits mit potenziellen Interessenten. Tagsüber arbeitete ich beim Herrenausstatter und nach Feierabend lief ich sofort nach Hause, um am Laptop die eingegangenen Bestellungen zu bearbeiten. Und tatsächlich: Der Umsatz floss. Dieses einzigartige Glücksgefühl werde ich nie wieder vergessen. Man stelle sich einmal vor, wie viel Umsatz ich gemacht hätte, wenn es das Smartphone schon zu dieser Zeit gegeben hätte und ich Menschen millionenfach jederzeit, also 24 Stunden am Tag, über Facebook, Instagram und YouTube hätte erreichen können. Nicht auszudenken! Einzig die Kommunikation über eine Social-Media-Plattform und die zeitliche Begrenzung limitierten mich etwas. Dennoch war es eine massive Verbesserung zu Zeiten vor dem Internet. Die Geschäfte florierten, da ich für meine Stadt einige lokale Gruppen auf StudiVZ gegründet hatte. Dadurch bekam so ziemlich jeder mit, was ich eigentlich machte. Dies ging so weit, dass ich sogar außerhalb des

Internets immer wieder angesprochen wurde auf tolle Düfte oder die neuesten und günstigsten Handyverträge.

Der arabische Karl Lagerfeld

Der Traum von der Selbstständigkeit ließ mich nicht mehr los, so dass ich mir damals etwas Geld angespart hatte und ich nach meinem erfolgreichen Ausbildungsabschluss ein eigenes Business startete. Ich habe aus meiner ersten geschäftlichen Verfehlung gelernt. Ich hielt das Geld zusammen, weil ich wusste, dass die Zeit kommt, in der ich es für Investments brauchen würde.

Diesmal investierte ich in den Bereich der maßgeschneiderten Herrenmode. Dazu hatte ich eigens einen Showroom angemietet und dementsprechend ausgestattet. Das Geschäftsmodell war simpel: Ich ließ die Stücke günstig in Asien produzieren und konnte sie daher unter den marktüblichen Preisen verkaufen. Das Geschäft boomte, so dass ich dachte, ich würde der neue arabische Karl Lagerfeld werden. Ich baute Kontakte auf zur Zielgruppe, die gerne oder aus beruflichen Gründen Hemden trug, mein Hauptprodukt. Versicherungsvertreter aus dem ganzen Landkreis wurden meine Kunden, bis zu dem Tag, an dem mein Produzent aus Hongkong nicht mehr lieferte. Dumm gelaufen. Ich hatte einen hohen fünfstelligen Betrag in Vorkasse geleistet und plötzlich blieben die bereits bezahlten Lieferungen aus. Jetzt hatte ich keine Ware für den Verkauf und gleichzeitig fielen die Fixkosten weiter an, wie Ladenmiete, Wasser, Strom, Versicherungen, Steuern etc.

Es war nur eine Frage der Zeit, bis ich die Reißleine ziehen musste. Ich habe damals gekämpft um meinen Traum, das kann man wohl glauben. Das Ergebnis war Folgendes: Ich hatte einen riesigen Schuldenhaufen aufgebaut und war erneut pleite. Ein leider bekanntes Gefühl für mich. Und dieses Mal war ich nicht einmal selbst schuld. Zumindest nicht allein. Ich habe mich durch meine Gutgläubigkeit in eine schlechte Ausgangssituation manövrieren lassen. Man sieht also: Auch aus dieser Situation habe ich gelernt. Wir machen im Leben Fehler – immer. Das Entscheidende ist jedoch, dass wir weniger Fehler machen und daraus bessere Lehren ziehen. Der größte Fehler ist es, gar nichts zu machen. Denn dann werden wir zum Spielball unseres Umfeldes. Kein lebenswertes Leben, wie ich finde.

> In der Situation damals sah ich das Ganze natürlich etwas anders. Ich litt und fühlte mich furchtbar. Ich war wieder mit einer Idee gescheitert. Das war kein angenehmes Gefühl. Ganz und gar nicht. Wie hatte ich nur wieder so blöd sein können? Es fühlte sich wie ein Business-Super-GAU an. Jetzt war auch ich einer von denen, die eine Insolvenz hinlegten. Laut des Statistischen Bundesamtes gibt es momentan 116 000 angemeldete Insolvenzen in Deutschland.[2]

Heute muss ich so ein Risiko nicht mehr eingehen, wenn ich ein Business gründen will. Im Vergleich zu den hohen Fixkosten eines klassischen Unternehmens sowie hohem Startkapital kann man mit einem Internetanschluss, einem Laptop, einem Smartphone und einem Startkapital von null bis 3 000 Euro ein risikoloses Geschäft starten. Daraus können einige hundert Euro bis zu mehrere tausend Euro nebenberuflich umgesetzt werden, oder sogar ein ganzes Imperium aufgebaut werden, wie man an mir sehen kann.

Zweite Ehrenrunde

Okay, ich gebe es zu: Ich habe zwar aus meinem ersten Scheitern gelernt, dennoch habe ich seitdem nicht alles richtig gemacht. Das ist sogar eigentlich untertrieben. Denn ich dachte ja, ich hätte ein funktionierendes Business. Falsch gedacht. Ich stand wieder ohne Geld da. Ein bekanntes Gefühl. Riesige Fixkosten und etliche Konsumschulden türmten sich über meinem Kopf auf. Das monetäre Damoklesschwert schwang über mir und kam bedrohlich näher.

Rückblickend kann ich sagen, dass mir irgendeine Form von finanzieller Bildung gutgetan hätte. Mir wurde klar, dass ich mit Geld einfach nicht umgehen konnte. Eine sehr schlechte Grundvoraussetzung, wenn man ein eigenes Unternehmen aufbauen möchte. Doch woher hätte ich dieses Wissen auch haben können? In der Schule gibt es das Fach »Verantwortungsvoller Umgang mit Geld« nicht. Doch ich möchte nicht alles auf das Bildungssystem schieben. Ich war eben schon auch der Typ, der zeigen musste, dass er Geld hatte. Und nun musste ich plötzlich wieder verstecken, dass ich gar kein Geld hatte. Wie als Teenager damals. Ein vertrautes Gefühl und dennoch nicht schön.

Ich hatte nicht nur kein Geld, nein, ich hatte Schulden in beträchtlichem Ausmaß. Es war so schlimm, dass der Gerichtsvollzieher fast jede Woche bei mir zu Hause anklopfte. Ich vermied den Gang zum Briefkasten. Darin stapelten sich ja doch nur Mahnungen und Nachrichten von verschiedenen Inkassounternehmen. Außerdem türmten sich Beschwerden von Kunden, die Lieferungen nicht erhalten hatten, und rechtskräftige Verurteilungen zu Geldstrafen von Amtsgerichten, weil ich die bezahlte Ware an meine Kunden weder ausliefern noch retournieren konnte. Das Geld war nicht verschwunden, sondern es hatte nur ein anderer. Wahrscheinlich jemand in Hongkong, der sich mit dem Geld, das eigentlich für meine Ware bestimmt gewesen war, ein schönes Leben machte.

Dies alles führte dazu, dass ein Haftbefehl gegen mich ausgestellt wurde. Ich war angekommen, und zwar ganz unten. Das Schlimmste war nicht, dass ich diesen Haftbefehl in den Händen hielt, damit hatte ich früher oder später schon gerechnet, das mit Abstand Schlimmste war, dass ich meine Eltern bitterlich enttäuscht hatte. Sie hatten so viel Vertrauen in mich gesetzt und ich hatte versagt. Das alles nur, weil ich meinem Traum nach Freiheit gefolgt war. Nun wurde sie mir mit diesem Haftbefehl vollständig entzogen. Ich habe mich nicht nur von meinem Ziel entfernt, sondern rannte in die entgegengesetzte Richtung.

Eine Folge daraus war die Isolation von meinem sozialen Umfeld. Ich schämte mich für mein Scheitern, so dass ich nur einer Handvoll Freunde von meiner Situation erzählte. Nicht alle aus meinem Umfeld waren mir und meinen Träumen wohlgesonnen. Viele lachten mich zu Beginn meiner Unternehmungen aus und meinten, dass ich scheitern werde. Ich wollten ihnen nicht die Genugtuung bieten, dass sie mit allem recht gehabt hatten. Auf Menschen am Boden tritt man am liebsten ein. Außerdem hätte ich keine Sprüche wie die Folgenden ausgehalten:

- »Wir haben es Dir doch gesagt!«

- »Hättest Du bloß auf uns gehört!«

- »Das war von Anfang an eine Schnapsidee!«

- »Schuster, bleib bei Deinen Leisten!«

All dies wollte ich mir ersparen. Sie wären wie ein Todesstoß für meine geschundene Seele gewesen. Vielmehr hätte ich helfende Hände oder Aufmunterungen gebraucht – kein Nachtreten, keine Rechthaberei.

Ein paar Wochen später haben es natürlich dann doch alle erfahren. Mit Facebook hätte sich die Nachricht innerhalb von zehn Minuten in ganz Deutschland verbreitet. Soziale Medien können auch grausam sein. Gott sei Dank war Facebook zur damaligen Zeit in Deutschland noch nicht so verbreitet. Ich hatte etwas Schonfrist und somit einen Vorsprung. Doch auch die Offline-Mundpropaganda ist schnell, wie ich am eigenen Leib erfahren musste.

Geständnis – Gefängnis – Auferstehung

Ab einem gewissen Zeitpunkt sah ich für mich keinen Ausweg mehr aus diesem Chaos, das sich mein Leben nannte. Ich hatte keine andere Wahl mehr und entschied mich, die Konsequenzen für mein Handeln endlich zu tragen. Also stellte ich mich der Polizei. Ich saß meine Zeit im Gefängnis ab und hatte viel Zeit zum Nachdenken. Es waren einige Monate in der JVA Holzminden, die mittlerweile geschlossen wurde. Das war eine extreme Erfahrung für mich. Allerdings auch irgendwie befreiend, obwohl ich hinter schwedischen Gardinen eingesperrt war. Der Druck, der andauernde Stress und jegliche Orientierungslosigkeit lösten sich auf, fielen von mir ab. Ich erreichte eine ungeahnte Klarheit, was meine Ziele betraf.

An so einem Punkt befindet man sich an einem Scheideweg. Entweder geht es in die eine oder in die andere Richtung. Nachdem ich schon zweimal gescheitert war mit meinen Träumen, würden wohl viele in meiner Situation sich nie mehr für die Selbstständigkeit entscheiden. Sie würden sich einen Job suchen, der monatlich die Lebenskosten deckt und vielleicht den einen oder anderen Euro zum Sparen bereithält. Ob die Arbeit Spaß macht oder nicht, ist dann doch schon egal, Hauptsache Geld verdient. Für Spaß bei der Arbeit wird man doch nicht bezahlt – oder etwa doch?

Logisch wäre dieser Schritt vielleicht gewesen, denn nach zweimaligem Scheitern hätte man zum Schluss gelangen können, dass es einfach nicht sein sollte mit der Selbstständigkeit und mir. Ich entschied mich – gegen jegliche Logik – dafür, meinem Herzen, meinem Traum zu folgen. Eines sollte man mir nie absprechen: meinen unerschütterlichen Willen, meinen brennenden Wunsch, alles daran zu setzen, meine mir gesteckten Ziele auch zu erreichen. Du kennst das bestimmt auch: Du hast einen brennenden Wunsch und Du kannst und kannst ihn nicht erreichen. Ich kann und kann nicht aufgeben. Das ist wahrlich eine meiner Stärken.

Als ich wieder auf freiem Fuß war, realisierte ich erst, wie schlecht es um mich und meine Zukunft stand. Meine Voraussetzungen nach dem Gefängnisaufenthalt waren alles andere als gut. Meine Existenz lag buchstäblich in Scherben. Ich hatte keine Wohnung, keinen Job, kein Handy, keinen Computer und natürlich auch kein Geld. Darüber hinaus tratschte man hinter meinem Rücken über mich, weil jeder wusste, welches Schicksal mich ereilt hatte. Also wahrlich keine guten Ausgangsbedingungen. Deshalb kann ich auch niemandem zuhören, wenn er von seiner schlechten Ausgangslage quatscht. So was lasse ich einfach nicht gelten. Dann erzähl ich meine Geschichte und es wird relativ rasch ruhig.

Im TV werden die Reichen und Schönen gezeigt. Nur Glanz und Glamour werden beleuchtet. Sehr selten wird über Hindernisse und Herausforderungen berichtet. Wenn dann jemand scheitert, wird mit dem Finger auf die Person gezeigt. Scheitern wird totgeschwiegen oder sich sogar darüber lustig gemacht. Dabei gehört es zum Erfolg dazu. Wer zeigt die Niederlagen, die durchgearbeiteten Nächte und Wochenenden? Nur die glanzvolle Fassade des Erfolges wird beleuchtet. Dieses gezeichnete Bild entspricht einfach nicht der tatsächlichen Realität. Wie man sich den Herausforderungen dennoch stellen kann, zeige ich dann später.

Entscheidung

Monatelang war ich ohne Wohnung. Ein Streuner, ein Obdachloser ohne festen Wohnsitz. Es stellt sich an dieser Stelle die Frage, weshalb ich nicht meine Familie um Hilfe gebeten habe. Natürlich hätten sie mir geholfen, wenn ich gefragt hätte. Doch als ältester Sohn einer arabischen Familie schämt man sich einfach, wenn man nach Hilfe fragen muss. Ich ließ mir also nach außen hin so wenig wie möglich anmerken. Niemand sollte wissen, wie schlecht es mir tatsächlich ging. Falscher Stolz? Vielleicht, doch es war damals für mich einfach keine Option, um Hilfe zu bitten.

Vor allem meine Wohnsituation machte mir zu schaffen. Keinen Ort zu haben, an dem ich mich zurückziehen und zur Ruhe kommen konnte. Wie oft ich zwischen Bad Pyrmont – Paderborn – Hamm – Köln mit der Bahn hin und hergependelt bin, nur um einen warmen Schlafplatz zu haben. Ich ging das Risiko ein, wieder beim Schwarzfahren erwischt zu werden, so groß war der Drang, im Warmen zu schlafen. Wenn ich heute daran denke, bekomme ich noch immer eine Gänsehaut. Gleichzeitig wirkt es so unwirklich und unvorstellbar, dass mir das alles widerfahren ist. Und ja, auch in einem der fortschrittlichsten und reichsten Industrieländer der Welt – Deutschland – sind solche Situationen möglich.

Außerdem war ich nicht allein mit meinem Schicksal. Ich erinnere mich an einen Obdachlosen, den ich am Eingang des Düsseldorfer Hauptbahnhofes getroffen hatte. Sein Name war Georg und er erzählte mir, dass er nach seiner Scheidung Haus, Hof und seine Familie verloren hatte. Er war einfach überfordert mit den Wendungen seines Lebens. Er kam vom Weg ab. Durch Depressionen verlor er auch noch seinen gut bezahlten Job als Abteilungsleiter einer äußerst erfolgreichen Software-Firma.

Im Gespräch beteuerte er, dass er nicht auf der Straße hätte landen müssen. Aber er fand es spannend, so zu leben. Er wollte ein Aussteigerleben führen. Dem System, das ihm so viel Leid beschert hatte, wollte er den Rücken kehren. Zumindest am Anfang sei dies so gewesen. Nun schaffte er es nicht mehr zurück.

Und wieder war er da: ein Schlüsselmoment in meinem Leben. So wie Georg wollte ich nicht enden, obwohl ich auf dem besten Weg war, dass genau dies passieren würde. Unter allen Umständen musste ich das verhindern. Wenn ich damals ein Smartphone gehabt hätte, hätte ich wahrscheinlich Georgs Geschichte gefilmt und auf Facebook gestellt. Mit hundertprozentiger Sicherheit wäre es viral gegangen und Millionen Menschen hätten davon erfahren.

Ja, manchmal hat man ein schlechtes Blatt beim Kartenspiel des Lebens. Doch deshalb die Segel zu streichen, ist nicht Sinn der Sache. Es kommt darauf an, dass man auch mit schlechten Karten spielt. Beim Pokern kann auch ein »Bluff« aufgehen und man holt sich den gesamten Pott. In dem Moment traf ich die Entscheidung, zurück in mein Leben zu finden, das mir vor einiger Zeit so entglitten war. Es war definitiv an der Zeit, die Karten selbst neu zu mischen.

Der Weg zurück

Ich nahm Kontakt zu meinem Schulfreund Reuf auf, der damals gerade Wirtschaftswissenschaften an der Universität Wuppertal studierte. Er lebte in einer Studentenwohnung, die nur 20 Quadratmeter klein war. Er bot mir seine Hilfe an, ich könne erst einmal bei ihm wohnen. Ich war ihm so dankbar dafür. Bis vor meiner Insolvenz war es für mich normal gewesen, ein Dach über dem Kopf zu haben. Nun war es der Himmel auf Erden für mich. Dieser Umstand ist tatsächlich recht schwierig in Worte zu fassen. Ich werde den Moment nie mehr vergessen, als ich über die Türschwelle seiner Studentenbude schritt und wusste: Das wird mein neues Heim.

Wenn zwei Männer wochenlang auf engstem Raum zusammenleben, dann lacht man zusammen, man weint zusammen und man streitet natürlich. Aber meistens ist der Streit schon nach wenigen Minuten wieder vergessen. Männerfreundschaft geht tiefer, als jeder Streit es jemals könnte. Glücklicherweise sind wir Männer da relativ unkompliziert. Das war auch notwendig, denn es gab viele Reibungspunkte auf so engem Raum.

Nachdem ich zurück in ein Leben wollte, das diesen Namen auch verdiente, reichte es nicht aus, ein Dach über dem Kopf zu haben. Ich brauchte natürlich auch eine Geldquelle.

Reuf besorgte mir einen Promotionjob in Köln bei einer bekannten Elektrofachmarktkette. Es war kein gut bezahlter Job, denn so eine Arbeit machten in der Regel nur Studenten, die etwas zu ihrem Studium dazuverdienen wollten. Dennoch war ich froh, dass ich überhaupt irgendwo unterkam und endlich wieder eigenes Geld verdienen konnte. Irgendwie fand ich es witzig, denn ich stellte mir vor, dass ich an der Universität die Studienrichtung »Mein neues Leben« belegte. Das machte Lust auf mehr.

Mein großes Glück war, dass ich schon immer ein guter Verkäufer war. Und auch bei diesem Job verkaufte ich Internetverträge wie ein Wahnsinniger. Beinahe pausenlos schuftete ich, sechs Tage die Woche. Nichts und niemand konnte mich aufhalten. Mr. Promotion war geboren. Und plötzlich ergab alles Sinn. Mein Scheitern, meine Haft, meine schwere Zeit. All diese Erfahrungen führten mich genau zu diesem Punkt, wo ich die Weichen für meine Zukunft stellte. Wie auf Schienen ging es nun mit Volldampf in mein neues Leben. Wer weiß, wo ich heute wäre, wenn ich diese harte Zeit nicht hätte durchstehen müssen.

Ganz bewusst widmete ich mich nun den Social-Media-Plattformen, um neue Einnahmequellen zu generieren. Jede Sekunde, die ich nicht Internetverträge vertickte oder schlief, nutzte ich, um Kontakte zu knüpfen und neue Optionen zu prüfen. Plattformen wie MySpace und StudiVZ kannte ich ja wie meine Westentasche. Doch durch meine Erfahrung ergaben sich ganz neue Möglichkeiten. Nach kurzer Zeit arbeitete ich bereits für die größten Agenturen Deutschlands im Promotionbereich. Der Rubel begann, wieder in meine Richtung zu rollen.

Eines Abends erhielt ich eine Mail von einem guten Freund. Es war eine Einladung für die neue Plattform Facebook, von der ich noch nie in meinem Leben gehört hatte. Ich nahm die Einladung an. Du musst verstehen, dass dies damals gar nicht so selbstverständlich war, denn niemand hätte gedacht, dass sich jemand gegen StudiVZ oder MySpace durchsetzen könnte. Nun ist Facebook der große Player und die genannten Plattformen gibt es zwar noch, jedoch kenne ich aus meinem persönlichen Umfeld niemanden, der auf diesen Plattformen noch aktiv ist. So schnell kann es gehen. An Facebook kommt jedoch kaum noch jemand heutzutage vorbei. Und wer die Mechanismen dieser Plattform verstanden hat, für den kann es ein wahrer Geldsegen sein.

DEIN SOCIAL-MEDIA-MINDSET

Die richtige Einstellung

Immer wenn etwas Neues kommt, ist dies Fluch und Segen zugleich – abhängig vom Blickwinkel. Ich denke daran, wie viele Tausende von Arbeitsplätzen durch die Digitalisierung einfach so wegrationalisiert wurden. Die Universität Oxford spricht sogar davon, dass in den nächsten 20 Jahren an die 47 Prozent der derzeitigen Jobs der Digitalisierung zum Opfer fallen werden.[3]

Diese sind natürlich nicht verloren. Teilweise durchdringt und verändert Digitalisierung bereits bestehende Berufe. Darüber hinaus hat die technologische Welle in den letzten Jahren Millionen neuer Jobs geschaffen. Es kommt somit nicht nur zu einer Auslöschung, sondern zu einer Neuausrichtung des Arbeitsmarktes und somit unseres gesamten Lebens.

Wer hätte beispielsweise vor 15 Jahren gedacht, dass es so etwas wie Social-Media-Manager geben wird? Ich könnte hier eine unendlich lange Liste von neuen Berufsbezeichnungen aufzählen, aber dieses Thema hätte ein eigenes Werk verdient, so zahlreich sind die Umwälzungen, die tagtäglich vonstattengehen. Ich verfolge jedoch ein anderes Ziel mit diesem Buch: Ich will dazu animieren, die genialen Chancen in dieser neuen Welt nicht nur zu sehen, sondern schlussendlich auch wahrzunehmen. Wir leben in einer Zeit voller grandioser Möglichkeiten, die für alle – unabhängig von Religion, Herkunft, Hautfarbe, sozialem Status oder Bildungsstand – gleich sind. Jeder mit einem Laptop und einem Smartphone kann sich ein lukratives Geschäft aufbauen, egal ob risikolos als Neben-

erwerb zu seinem Hauptjob oder zum Aufbau einer grandiosen Karriere. Alles ist möglich, und es ist so einfach und billig
wie nie zuvor in der Menschheitsgeschichte, andere Menschen zu erreichen. Ich mache es ja Tag für Tag vor. Was ich
kann, kann jeder andere auch erreichen, keine Frage.

Wie ich schon angedeutet habe, verändert sich unsere gesamte Gesellschaft und somit unsere Art zu leben. Auch dies
hat natürlich positive und negative Seiten. Nehmen wir einmal das Beispiel Facebook und Mobbing. Mobbing gab es natürlich schon immer, nur jetzt kann man unter dem Deckman-
tel der Anonymität hetzen. Das senkt die Hemmschwelle
enorm.

Auf der anderen Seite der Medaille hält Social Media viele
Freuden und Potenziale für uns bereit. Ich denke da nur an die
vielen neuen Kontakte, aus denen tiefgehende Freundschaf-
ten und manchmal sogar Liebesbeziehungen entstehen. Die
Frage ist nun: Lassen wir uns von den negativen Seiten davon
abschrecken, etwas Positives in dieser Welt zu bewirken? Oder
nehmen wir die Schattenseiten in Kauf, um ein Leben zu leben, wie wir es uns in unseren Träumen vorstellen? Ich weiß,
wie ich mich entscheiden würde und entschieden habe.

Time runs fast

Während Du dieses Buch liest, läuft Deine Lebenszeituhr un-
aufhörlich weiter – ticktack, ticktack. Wenn es gut für uns läuft,
leben wir ein paar Jahrzehnte auf diesem wunderschönen
Planeten, aber irgendwann ist Schluss, für den einen früher,
für den anderen später. Die moderne Medizin und unser
enorm hoher Lebensstandard haben dazu geführt, dass wir so
lange leben dürfen wie noch nie, aber irgendwann ist auch
diese »Bonuszeit« aufgebraucht. Daran kann niemand etwas
verändern. Unsere Zeit ist begrenzt.

Diese Situation hat jedoch auch etwas Gutes an sich. Durch
unser Wissen über den herannahenden Tod wissen wir das Le-

ben zu schätzen. Wir wissen, dass es kostbar und nicht selbstverständlich ist, keine Sekunde davon. Wenn wir unbegrenzt leben würden, wäre es schließlich egal, was wir die ganze Zeit so treiben. Sie wäre ja im Überfluss vorhanden. Wir könnten sie gar nicht vergeuden. Unser Leben wäre nicht kostbar. Eine entsetzliche Vorstellung. Glücklicherweise ist dem nicht so.

Nachdem unsere Zeit hier auf Erden begrenzt ist, ergibt es Sinn, dass wir das Maximale für uns und unsere Umwelt herausholen. Findest Du nicht auch, dass es an der Zeit ist, unser volles Potenzial auszuleben? Ist es nicht an der Zeit, aus unserem Hobby und aus unserer Leidenschaft ein risikoloses Geschäft aufzubauen? Alles von zu Hause aus.

Es gibt Hunderttausende Menschen da draußen, die genau diese Informationen suchen, über die wir bereits verfügen. Informationen, die Probleme von anderen Menschen lösen können; dafür sind sie bereit, eine Menge Geld zu bezahlen. Das ist mehr als fair. Schließlich helfen wir ihnen, eine berufliche oder private Herausforderung zu meistern. Wenn wir dafür noch fürstlich bezahlt werden, ist das eine Situation, bei der alle nur gewinnen können.

Wir leben in einem der reichsten Länder der Welt. Wir haben das große Glück, von über sieben Milliarden Menschen zu den 5 Prozent zu gehören, denen es an fast nichts fehlt. Laut der deutschen Seite von Statista.com benutzen im Jahre 2017 ca. 81 Prozent der deutschen Bevölkerung das Internet. Das sind rund 62 Millionen User – allein in Deutschland.[4] Das Schöne daran: Diese 62 Millionen Menschen kann man theoretisch 24 Stunden am Tag von überall aus erreichen, und zwar mit den eigenen Produkten oder Dienstleistungen.

Wer sich bei diesen unglaublichen Zahlen unbedingt für eine klassische Selbstständigkeit entscheidet und dann auch noch ein Ladenlokal in einer erstklassigen Lage anmietet, um eine hohe Kundenfrequenz zu erreichen, der ist entweder sehr naiv oder einfach nur dumm. Ich darf das sagen, weil ich es selbst versucht habe und grandios gescheitert bin. Ich habe selbst erlebt, wie teuer diese klassische Form der Selbstständigkeit ist. Horrende Ladenmieten und hohe Fixkosten kommen noch dazu, wie Personal, Strom, Versicherungen. Solche Kosten fallen in Zukunft weg, wenn Du Dich entscheiden solltest, ein Social-Media-Unternehmer zu werden. Ich kann diese Option jedem Interessenten nur wärmstens empfehlen.

Nach oben gibt es keine Einkommensgrenzen, das sollte uns allen auch bewusst sein. Nach unten sind wir begrenzt, weil wir kaum Geld investieren müssen. Nur unsere Einstellung – zu unserem Leben und zu unserer Zukunft – hindert viele am sofortigen Start. Aber was soll denn im schlimmsten Fall passieren? Nachdem kaum Investitionskosten anfallen, kann auch nichts verloren werden, außer eben der Zeit, die man dafür aufwendet. Doch seien wir ehrlich: Obwohl unsere Lebenszeit so kostbar, da begrenzt ist, gehen wir ziemlich verschwenderisch mit ihr um. Mir ist es lieber, ich wende Zeit für mein Business auf, dann habe ich wenigstens die Chance, erfolgreich zu werden. Wenn ich meine Zeit nur vor der Glotze verbringe, werde ich zu 100 Prozent nicht scheitern, aber eben auch zu 100 Prozent nicht erfolgreich sein. Wer will denn bitte freiwillig so ein Leben führen?

Vielleicht ist es auch die Angst, vor Freunden, Bekannten und Familienangehörigen dafür ausgelacht zu werden, was viele von der Umsetzung abhält. Vielleicht ist es auch nur die Angst vor dem Scheitern. Ich kann jedoch beruhigen, denn allein der Umstand, dass Du mein Buch in den Händen hältst, zeigt, dass Du viel mehr vom Leben erwartest. Das ist ein wirklich gutes Zeichen. So, wie wir unser Gehirn auf negative Glaubenssätze programmieren können, ist es auch möglich, es auf Erfolg umzuprogrammieren.

Scheitern ist außerdem ein so hässliches Wort. Es scheint, dass wir keine Fehler machen dürfen auf unseren Wegen. Doch das stimmt einfach nicht. Dafür muss man sich nur meine Geschichte noch einmal in Erinnerung rufen. Die ist voller Fehler und falschen Einschätzungen. Doch diese machten mich zu dem Menschen, zu dem erfolgreichen Unternehmer, der ich heute bin.

Ich sage an dieser Stelle Folgendes: Wir alle dürfen Fehler machen. Wir sind Menschen, wir sind fehlbar und das ist gut so. Diese Fehler formen uns, treiben uns dazu an, besser zu werden, zu lernen und uns weiterzuentwickeln. Auch wenn uns seit Kindesalter erzählt wird, dass wir keine Fehler machen dürfen, ist das einfach falsch. Wenn ich keine Fehler gemacht hätte, wäre ich niemals so weit gekommen. Außerdem kann ich nicht alles falsch gemacht haben, denn schließlich habe ich einen Vertrag von einem sehr renommierten Verlag bekommen, um anderen Menschen zu zeigen, wie sie ihr Business aufbauen können. Niemand braucht jedoch die gleichen Fehler wie ich zu machen. Jeder soll seine eigenen Erfahrungen machen. Diese prägen am meisten. Ich gebe mit dieser Anleitung eine Abkürzung zum Erfolg. Es wird jedem, der es liest, viel Geld und viel Zeit ersparen.

Rote oder blaue Pille

Wir sind an einem Punkt, wo es um eine folgenreiche Entscheidung geht. Laut verschiedener Verhaltensforscher treffen wir an die 20 000 Entscheidungen pro Tag. 20 000! Dazu gehören Entscheidungen der Sorte, welches Hemd wir aus dem Schrank nehmen und dann anziehen, oder welches Essen wir von der Speisekarte im vorher schon ausgesuchten Restaurant auswählen. Natürlich sind auch Entscheidungen wie die Partner- oder Berufswahl darin enthalten. Es gibt somit wirklich wichtige, wegweisende sowie viele Tausende kleine Entscheidungen, die unseren Alltag gestalten.

Jetzt allerdings steht eine wirklich große Entscheidung an. Ähnlich wie bei Neo im Film *Matrix*, wo er wählen konnte, ob er hinter den Vorhang der Realität schauen möchte (rote Pille) oder weiterlebt wie bisher (blaue Pille). Wie er sich entschieden hat, wissen wir alle.

Jetzt bist Du an der Reihe! Es gibt zwei Möglichkeiten:

Erstens, Du bleibst weiterhin in diesem System, das Dir oberflächliches Glück vorgaukelt. Ich nenne es das moderne Sklavensystem. Vielleicht reicht es Dir aber auch, im Fernsehen die Reichen und Schönen anzuschauen. Das lenkt ab von einem unglücklichen und unbefriedigenden Leben. Du kannst selbstverständlich auch weiterhin nach Ausreden suchen, um das Ganze zu rechtfertigen. Die anderen haben ja nur Glück gehabt. Nur so sind sie zu Geld und Wohlstand gekommen. Mit Arbeit und Opfern hat das sicher gar nichts zu tun. All das reden wir uns gerne ein, um beruhigter in den eigenen Spiegel blicken zu können. Ich verstehe das wirklich, auch wenn ich anders gestrickt bin. Ganz ehrlich, es ist einfacher und gemütlicher, in seiner Komfortzone zu bleiben. Wenn jemand mit diesem Leben, mit dem ausgeübten Job, mit dem damit erzielten Einkommen zufrieden ist, ist das völlig okay so. Wenn Du also keinerlei Wünsche oder Träume mehr hast – ich spreche hier nicht nur von materiellen Wünschen –, also wunschlos glücklich bist, dann hör bitte auf, dieses Buch zu lesen. Schenk es jemandem, für den es nützlich sein könnte, oder schick es zurück. Nutz die Zeit anders, indem Du so weitermachst wie bisher.

Zweitens, Du gehörst zu denjenigen, die noch Ziele im Leben haben, die nicht dem Mainstream entsprechen. Du gehörst zu denjenigen, die erkannt haben, dass das Leben viel mehr zu bieten hat als nur einen stinknormalen »Nine to five«-Job. Einen sicheren Job zu haben, ist durchaus wichtig, das möchte ich gar nicht bestreiten. Ich war damals schließlich auch dankbar, dass ich Geld verdient habe. Ich betrachtete mein »sicheres« Einkommen als Sprungbrett, um Neues zu wagen. Ich finde eh, dass nicht Geld das kostbarste Gut ist, sondern Zeit. Und da schneidet ein »Nine to five«-Job eben nicht gut ab. Schließlich stimmt diese Bezeichnung nicht. Denn wir müssen ja zum Arbeitsplatz hin und wieder von dort weg kommen. Da kommen locker noch einmal zwei Stunden zusätzlich oben drauf. Und dennoch haben wir immer noch genug Zeit, um anderen Aktivitäten nachzugehen. Statt sich vor die Glotze zu hocken, könnten wir auch an der eigenen beruflichen Zukunft arbeiten.

Wer jetzt mehr Zeit mit Freunden und Familie verbringen möchte, ist hier genau richtig. Es bricht mir das Herz, wenn Eltern ihre Kinder nicht aufwachsen sehen, weil sie Geld ranschaffen müssen. Diese Zeit kommt nie wieder. Außerdem sind wir im Regelfall 40 bis 45 Jahre (Tendenz steigend) ans Erwerbsleben gekettet, nur um dann mit einer mickrigen Rente – wenn überhaupt – abgespeist zu werden. Ist das der Sinn der Sache?

Falls Du also zur zweiten Personengruppe gehörst, dann beglückwünsche ich Dich zu Deinem Mut. Lass uns jetzt gemeinsam an Deinem neuen und vor allem geilen Leben arbeiten.

Facebook – (m)ein Start

Ohne großes Zögern folgte ich der Einladung meines Bekannten und meldete mich bei Facebook an. Da es kostenlos war und noch immer ist, gab es für mich keinen Grund zu zögern. Ich denke übrigens auch, dass es weiter kostenlos bleiben wird. Das Geld verdient Facebook lieber über Werbung als über Mitgliedsgebühren. Und das ist auch gut so, meiner Ansicht nach. So können immer mehr Menschen ermutigt werden, an der Plattform teilzunehmen. Je mehr Menschen sich hier tummeln und sich austauschen, desto eher ergibt es Sinn für Unternehmen oder Selbstständige, ihr Werbebudget zu investieren. Eine Win-win-Situation für alle Beteiligten.

Es war jedoch nicht die große Liebe auf den ersten Blick. Meine ersten Erfahrungen mit dieser Plattform waren mehr als ernüchternd, muss ich gestehen: Ich konnte anfangs nicht so recht etwas damit anfangen und mir wurde schnell langweilig. Ich blieb zwar wochenlang angemeldet, befasste mich aber nicht wirklich mit der Plattform und ihren grandiosen Möglichkeiten, bis ich öfters bei Treffen mit Freunden solche

Fragen gestellt bekam wie: »Hey Samer, hast Du mitbekommen, dass dieses Mädel X jetzt mit dem Typen Y zusammen ist?« Ich fragte daraufhin, woher mein Freund das wisse, und bekam folgende Antwort: »Habe ich auf Facebook gelesen. Sie hat ihren Beziehungsstatus auf ›Vergeben‹ geändert.« Dies ist lustig, weil aus ähnlichen Gründen Mark Zuckerberg mit seinen Freunden diese Plattform überhaupt erst aufgebaut hatte: Um über das Aussehen ihrer Kommilitoninnen an der Universität abzustimmen. Sex sells!

Für mich war diese Aussage von meinem Freund ein klares Signal, um mich vielleicht doch etwas tiefgründiger mit Facebook auseinanderzusetzen. Wenn Menschen dazu bereit sind, der Öffentlichkeit ihren Beziehungsstatus zu verlautbaren, dann ist das schon sehr beachtlich. Es wird etwas zutiefst Privates nach außen getragen. Also schaute ich mir an, was denn sonst noch so veröffentlicht wurde. Ich war erstaunt. Nicht nur der eigene Beziehungsstatus, sondern auch private Bilder aus dem Urlaub, ja sogar von der Geburt des eigenen Kindes. Partybilder oder Fotos von der Arbeit waren völlig normal. Selbst alles, was die Leute gegessen hatten, wurde veröffentlicht. Zusätzlich gaben sie an, was sie beruflich machten, welche Hobbys sie hatten und wo sie wohnten. Private Daten wurden der Plattform zur Verfügung gestellt, um sie zu teilen. Das war eine völlig neue Dimension, wie ich sie bis dato noch nicht gekannt hatte.

Meine Neugier war inzwischen so groß geworden, dass ich die Rolle des stillen Beobachters einnahm. Ich hielt mich jedoch fast zwei Jahre lang mit Postings zurück, um mir eine Strategie zurechtzulegen, wie ich aus diesen Gegebenheiten Profit schlagen könnte. Dadurch wurde auch ich zum Konsumenten – aber von Informationen. Einige Zeit später konnte man bei Facebook mittlerweile nicht nur Texte und Bilder hochladen, sondern auch Videos. Ich hatte plötzlich das Bedürfnis, den Menschen auf Facebook nicht nur meine Story mitzuteilen, sondern sie auch zu motivieren. Sie sollten erkennen, dass aufgeben niemals eine Option sein konnte, egal, in welcher schwierigen Lebenslage sie auch immer seien.

Schnell war ich erfolgreich und erlangte große Reichweiten. Die ganzen Likes und Kommentare bestätigten mich in meinem Tun. Natürlich gab es auch Ablehnung und Anfeindungen. Diese waren aber klar in der Minderheit. Sobald man sich in die Öffentlichkeit begibt – nichts anderes sind schließlich die Social Media –, dann muss man auch damit rechnen, von anderen abgelehnt zu werden.

Meine Videos gingen richtig schnell viral. Das wäre ohne Facebook nur schwer möglich gewesen. Die potenzielle Reichweite auf den sozialen Medien ist der Unterschied zum realen Leben. Dort hätte ich Tausende Menschen anquatschen müssen, egal, ob sie es gut fänden, was ich zu sagen hatte, oder nicht. Allein der Zeitaufwand wäre wahnsinnig groß gewesen. Außerdem interessiert es eben nicht jeden, was ich zu sagen habe. Facebook hat mich da wirklich vor einigen peinlichen Situationen bewahrt, muss ich gestehen.

So konnte ich ein Video drehen, innerhalb nur weniger Minuten auf mein Facebook-Profil hochladen und damit dann Hunderte oder gar Tausende Menschen in kürzester Zeit erreichen. Das wirklich Tolle daran ist: Ich erreiche die Menschen, die es wirklich interessiert. Diese hinterlassen ein Like und bekommen das nächste Video von mir mit höherer Wahrscheinlichkeit wieder angezeigt. So siebt sich das Publikum automatisch aus. Eine wahnsinnig gute Möglichkeit, die noch immer von vielen unterschätzt wird. Facebook tut sich damit natürlich selbst auch einen gewaltigen Gefallen, denn je mehr die Menschen die Inhalte mögen, die ihnen gezeigt werden, desto länger und öfter werden sie die Plattform besuchen. Das wiederum freut die werbetreibenden Personen und Unternehmen, da sie wissen, dass ihr Werbebudget richtig angelegt ist. Facebook erfreut sich dann am gesteigerten Umsatz. Etc. pp.

Ich bin noch immer fasziniert davon. Früher hätte man in einer Zeitung inserieren und darauf hoffen müssen, dass genug Interessenten angesprochen werden. Heute braucht man nur sein Smartphone für ein paar Hundert Euro, um genau dies tun zu können, wofür man früher teure Kameras, kostspielige Videoprogramme, leistungsstarke Rechner brauchte. Das hätte einen früher gut und gerne aufwärts von 8 000 Euro kosten können. Von den Kosten eines Zeitungsinserats reden wir da noch gar nicht. Geschweige denn vom Fernseher: Wenn man dort etwas beworben hätte wäre es wirklich teuer geworden. Laut der Website *Hörzu* vom 3. August 2015 kostet eine Minute im TV z. B. bei RTL zwischen der Werbezeit von *GZSZ* 2 000 Euro. Eine stolze Summe. Mit dieser Summe kann man auf Facebook Hunderttausende oder Millionen von Interessenten erreichen.

Keep it live and simple

Wie ich schon geschrieben habe, schlafen die Facebook-Programmierer nicht und versuchen am laufenden Band, das Facebook-Universum zu vergrößern. Neue Anwendungen sollen es den Leuten noch schmackhafter machen, länger auf der Plattform zu verweilen. Die erste Evolutionsstufe war die vom Bild zum bewegten Bild, also vom Foto zum Video. Die nächste Evolutionsstufe erklomm Facebook im Januar 2017, als der Streamingservice Facebook-Live online ging.

Was ist nun der Unterschied zu herkömmlichen Videos? Mit Facebook-Live kann man, wie der Name schon sagt, live gehen. Das heißt, man kann direkt mit seinem Netzwerk kommunizieren. Man kann auf Fragen der eigenen Fans eingehen, die sie einem stellen, oder sich mit deren Anliegen direkt, also live auseinandersetzen. Ich glaube, ich brauche nicht extra zu erwähnen, dass dies für die Markenbildung einfach sensationell ist. Von dem passiven Medium Video kommen wir nun in eine Welt des aktiven und sofortigen Dialogs. Dies katapultiert uns in eine völlig neue Dimension der Kommunikation. Ich habe mich schon mehrmals gefragt, warum dieser Dienst nicht viel öfter von Kleinbetrieben wie dem örtlichen Bäcker oder dem Dönermann um die Ecke, dem Friseur oder von kleinen Handwerksbetrieben genutzt wird. Dieses Tool ist absolut kostenlos. Es könnte zur Kundenbindung und zur Neukundenbindung eingesetzt werden. Wenn ich diese Idee weiterspinne, könnten sie es sogar zu einem eigenen Teleshopping-Kanal ausbauen. Dafür ist so gut wie überhaupt kein technisches Equipment notwendig, nur ein Smartphone, das sowieso schon fast jeder Deutsche sein Eigen nennt. Keep it simple!

Zurück zu mir und meiner Geschichte: Es fing an, dass es mir immer mehr Spaß machte, diese Motivationsvideos zu drehen. Ich habe nicht nur Motivation verteilt, sondern durch meine Erfahrung als Verkäufer und Promoter den Leuten auch Tipps und Anregungen gegeben, wie sie ihre Verkäufe steigern können. Die Qualität meiner Videoimpulse sorgte für so viel Aufmerksamkeit, dass letztendlich ein Gesellschafter eines der größten Energie-Maklerpools über Facebook auf mich zukam. Dieser fragte mich, ob ich Lust hätte, Stromverträge gegen eine Provision zu vermarkten.

Ich hörte mir die Sache etwas näher an und erfuhr, dass ich sogar weitere freiberufliche Mitarbeiter für diese Firma anwerben konnte. Dadurch würde ich weitere Bonuszahlungen erhalten. Der Gedanke gefiel mir natürlich außerordentlich gut. Schließlich hatte ich ja noch einen Job als Promoter, der mir regelmäßig Geld einbrachte. Während meiner Mittagspausen und der Bahnfahrt nach Hause konnte ich jedoch nach Menschen über Facebook Ausschau halten, die ebenfalls etwas Geld dazuverdienen wollten.

Das hat unglaublich gut funktioniert. Es hat sogar so gut funktioniert, dass mich die Firma nicht nur auf eine Mittelmeerfahrt auf der Aida einlud, sondern mich auch fragte, ob ich denn nicht anderen Mitarbeitern der Firma beibringen konnte, wie ich es über Facebook schaffte, Kunden und Vertriebspartner für das Unternehmen zu gewinnen. Dreimal darf nun geraten werden, wie ich mich entschied.

Der Durchbruch

Ich nahm dieses lukrative Angebot natürlich an und tourte von Großstadt zu Großstadt, um meine Schulungen durchzuführen. Es machte mir riesigen Spaß. Meine neue Aufgabe, Menschen dabei zu unterstützen, die sozialen Medien für sich zu nutzen, erfüllte mich voll und ganz. Es war eben genau mein Ding. Durch meine Aktivitäten in den sozialen Medien bot ich meine Leistungen bald auch weiteren Unternehmen an.

Mehr als drei Jahre lang gab ich mein Wissen in dieser Form weiter. Mein Auto hatte so viele Kilometer auf dem Tacho, dass man damit einmal zum Mond und wieder zurück hätte fliegen können. Sprich: Ich war sehr viel unterwegs. Und dies hatte wirklich Vorteile. Ich habe beispielsweise richtig viel Geld verdient. Ich habe viele renommierte Unternehmer und Verkäufer kennengelernt. Mit der Zeit wurde ich nicht nur von Firmen, sondern immer mehr auch direkt für hochwertige Einzelcoachings gebucht. Insgesamt besuchten über 20 000 Menschen meine Seminare in dieser Zeit. Es kam eine regelrechte Welle ins Rollen und ich war mittendrin.

Auf Facebook wuchs mein Bekanntheitsgrad täglich, was dazu führte, dass renommierte Magazine wie das *Erfolg Magazin* von Julien Backhaus oder Europas größtes Direktvertriebsmagazin *Netcoo* auf mich aufmerksam wurden. Meine Story wurde deutschlandweit abgedruckt und zahlreiche Awards in verschiedenen Kategorien rundeten den Erfolg schlussendlich ab.

Was ich hier erzähle, ist kein sagenumwobenes Märchen, sondern ist ganz einfach mein Leben in stark verkürzter Version. Der kleine Einwandererjunge von damals, der sich vor gar nicht langer Zeit keine ordentlichen Schuhe leisten konnte, wird jetzt per Charterjet zu Terminen geflogen. Eine Erfolgsgeschichte aus Deutschland und ausnahmsweise mal nicht aus Amerika. Fast wie vom Tellerwäscher zum Millionär. Fast.

Ich mache keinen Hehl daraus: Es war und ist ein sehr schönes Gefühl, nicht mehr jeden Euro umdrehen zu müssen. Das verdanke ich meinem Können und Facebook. Diese Kombination war der ausschlaggebende Grund für meinen Erfolg. Klingt fast zu gut, um wahr zu sein, oder? Tatsächlich gab es auch negative Seiten an diesem Erfolgsrun, von denen ich jetzt berichten werde.

Die andere Seite der Medaille

Wie immer im Leben gibt es nicht nur positive, sondern auch negative Aspekte. Ich habe die ersten drei Lebensjahre meines Sohnes Noah fast vollständig verpasst. Ich war schließlich fast die ganze Zeit auf deutschen Autobahnen unterwegs und trieb den Kilometerstand meines Tachos in schwindelerregende Höhen. Klar, ich musste ja irgendwie zu meinen Seminaren kommen. Wenn man schon keine Zeit für die Familie hat, dann ist es umso schwieriger, Zeit für seine Freunde zu finden. Natürlich litt auch dieser Aspekt meines Lebens aufgrund des chronischen Zeitmangels.

Ich hetzte nur mehr von einem Event zum nächsten. Nach dem Seminar ist vor dem nächsten Seminar in einer anderen, wieder weit entfernten Stadt. Der Privat- und Familienmensch Samer Mohamad existierte quasi nicht mehr. Eine Zeitlang funktioniert so etwas relativ gut, wenn man – wie im Rausch – von Erfolg zu Erfolg eilt. Doch manchmal, so ganz allein im Hotelzimmer, kommt man schon auch ins Grübeln. Ist es das wirklich wert? Wäre ich nicht lieber ganz woanders? Als also meine Tochter Amira im Januar 2018 das Licht der Welt erblickte, wollte ich nicht denselben »Fehler« machen wie bei meinem Sohn. Ich wollte nicht mehr Zeit gegen Geld tauschen. Jeder kennt ja den Spruch: »Zeit ist Geld!« Jedoch muss ich inzwischen dem Zitat vehement widersprechen: Zeit ist nicht Geld, vielmehr ist Zeit kostbarer, als Geld es jemals sein könnte.

Jetzt steckte ich in einer Zwickmühle. Ich brauchte das Geld, um nicht nur mir, sondern auch meiner Familie ein schönes Leben zu bieten. Eine schöne Wohnung, ein schickes Auto und der ein oder andere Urlaub kosten nun mal eine Menge Geld. Für viele Menschen ist ein Angestelltenverhältnis in dieser Lage die richtige Antwort. Schließlich weiß man, wie viel man verdient. Doch ich wollte nicht immer 30 Tage auf mein Geld warten und hoffen, dass die Firma mein Gehalt auch überweist. Ich wollte mich nicht mehr in dieses Hamsterrad begeben.

Die Not macht erfinderisch. Nun stand ich also vor zwei Optionen: Ich gehe zurück in meinen festen Promoterjob und schreibe das als ein paar tolle Jahre in meinen Lebenslauf oder ich lasse mir was einfallen. »Mensch, Samer«, dachte ich mir, »wir haben doch das Internet. Warum schulst Du nicht Deine Seminarteilnehmer über das Internet?« Eine sehr kluge Frage, die ich mir damals stellte. Dieser Geistesblitz kam mir tatsächlich unter der Dusche. Ich machte mich sofort an die Arbeit und fing an, im Internet zu recherchieren, wie ich dies umsetzen könnte.

Nächtelang saugte ich die Informationen auf und trotzdem kam ich nicht zu einer zufriedenstellenden Lösung. Ganz ehrlich, dieser Gedanke ließ mich nicht mehr los. Es war der Gedanke, aus meiner Leidenschaft, also aus meinem Hobby ein Geschäft zu machen. All das, ohne auch nur einen Schritt vor die Tür zu setzen. Es stand ja alles zur Verfügung, ich hatte keine Ahnung, keine Anleitung, wie ich es angehen könnte.

Der Mentor

Einige Wochen später war ich zu einem Businessmeeting bei einem meiner Kunden eingeladen. Nachdem der offizielle Teil des Meetings erfolgreich beendet war, gab es eine After-Business-Party. Unter allen Gästen fiel mir eine Person besonders auf, und zwar der erfolgreiche Internetunternehmer

Irek Gronert. Diese Begegnung sollte alles verändern. Ich kannte diesen Mann und seine unternehmerischen Aktivitäten bereits aus dem Internet. Erfolgreiche Menschen aus derselben Branche bleiben einem selten unbekannt. Ich fasste meinen ganzen Mut zusammen und sprach ihn an.

Ich stellte mich höflich vor, erzählte wer ich bin, und was ich so mache. Zu meiner großen Überraschung kannte Gronert mich und einige Videos von mir. Damit hatte ich nicht gerechnet – unterstrich jedoch meine These, dass wir das Internet noch immer total unterschätzten in seiner Wirkung. Er wirkte sehr höflich auf mich, bodenständig und sympathisch. Nach einem kurzen Plausch bot er von sich aus an, mir zu helfen, weil ich ihm von meiner aktuellen Herausforderung erzählt hatte, mein Business zu digitalisieren.

Seine Unterstützung war an eine einzige Bedingung geknüpft: an eine Verpflichtung. Einer Verpflichtung mir gegenüber. Er wollte kein Geld für seine Hilfe haben, nur dieses eine Versprechen mir und ihm gegenüber musste ich abgeben. Ich sollte uns versprechen, dass ich es auf jeden Fall durchziehen würde. Ich gab ihm mein Wort, anschließend tauschten wir unsere Telefonnummern aus. Einige Wochen später lud er mich auf ein Wochenende in sein Penthouse ein. Dort erklärte er mir, welche Möglichkeiten ich zur Verfügung hatte, um mein Wissen über das Internet weiterzugeben. Ich war schockiert, wie einfach es war und gleichzeitig sehr glücklich darüber, welche unbegrenzten Möglichkeiten mir jetzt offenstanden.

Ab diesem Tag wurde Irek Gronert mein Mentor. In der Zeit unserer Zusammenarbeit entwickelte ich nicht nur meine eigene Onlineuniversität, wo ich Menschen dabei helfe, aus ihrem Wissen, aus ihrer Leidenschaft und aus ihrem Hobby ein profitables Business aufzubauen, sondern ich machte einen Riesensprung in meiner Persönlichkeitsentwicklung. Über 400 bis heute gelesene Bücher und Hunderte Stunden an Weiterbildungsseminaren machten mich zu der Person, die ich heute bin. Doch erst durch Irek Gronert wurde mir bewusst, wie wichtig ein Mentor im Leben ist, privat und beruflich.

Auf meinem Weg begegnete ich weiteren großartigen Mentoren für die Bereiche Verkauf, Marketing, Unternehmensführung. Gronert war jedoch der, der mich am meisten prägte, weil er die erste Person außerhalb meiner Familie war, die hundertprozentig an mich glaubte. Das hat mich sehr beeindruckt.

Ich glaube daran, dass jeder Mensch Talente hat. Ich bin der felsenfesten Überzeugung, dass jeder Mensch ein bestimmtes Wissen hat, das anderen Menschen dabei hilft, Probleme zu lösen und Freude zu erzeugen. Ich bin überzeugt davon, dass Du es, lieber Leser, ebenfalls schaffen kannst, ein selbstbestimmtes, erfülltes und glückliches Leben zu führen.

Affiliate-Marketing

Nach dem Treffen bei meinem Mentor im Penthouse stand ich wieder vor der Option, entweder in die eine oder in die andere Richtung zu gehen. Aber ich hatte mich schon längst dafür entschieden, die blaue Veränderungspille zu schlucken. Genau wie jeder Leser dieses Buches – sonst wärst Du nicht an dieser Stelle in meinem Buch angelangt. Ich gratuliere zur richtigen Entscheidung!

Als ich wieder zu Hause war, begann ich sofort mit meiner Arbeit und startete im Affiliate-Marketing. Doch was ist das überhaupt? Dazu komme ich später, ebenso dazu, wie man von Marketings nachhaltig profitieren kann. Wie alles im Leben hat auch diese Form des Geldverdienens seine Vor- und Nachteile. Für mich persönlich überwiegen ganz klar die Vorteile, weshalb ich diese Möglichkeit hier überhaupt vorstelle.

Eines vorweg – ich werde nicht tief in die englischen Fachbegriffe eintauchen, sondern will klar und verständlich die wesentlichen Grundlagen des Affiliate-Marketings aufzeigen. Diese Form des Marketings hat ihren Ursprung in den USA. In Deutschland wird es oft auch als Partnerprogramm bezeichnet.[5] Aber worum geht es genau bei dieser Marketingstrategie? In einfache Worte gefasst: Man bekommt eine erfolgsabhängige Provision für Produktempfehlungen. Es ist wie damals, als man seinen Freunden oder Familienmitgliedern ein Zeitungsabo empfohlen hatte. Wenn diese Menschen ebenfalls ein Abo abschlossen, konnte man zwischen verschiedenen Sachprämien wählen oder sonstige Vergünstigungen für sich beanspruchen. Wer oft genug Kunden vermittelt hatte, bekam ein Reisenähset, Reisekoffer oder sogar ein schickes Kochtopfset zu sich nach Hause geschickt. Diese Prämien sollten dafür sorgen, dass zufriedene Kunden teilweise den Magazin- oder Zeitungsvertrieb bereitwillig übernahmen.

Früher musste die Kundennummer des Werbenden (von uns) von dem Angeworbenen (Freund/Bekannter/Familienmitglied) bei der Bestellung auf eine Postkarte geschrieben und mit der Post abgeschickt werden. Damit nicht genug, denn so mussten doch diese Bestellungen und die Kundendaten von der Firma noch händisch eingepflegt werden. Unnötig zu erwähnen, welch riesiger Aufwand und Vergeudung menschlicher Ressourcen dahinterstand. Aber es hat funktioniert, auch das muss an dieser Stelle festgehalten werden. Doch nur weil etwas funktioniert, heißt es nicht, dass es nicht auch noch besser funktionieren könnte.

Meiner Meinung nach war und ist eines der erfolgreichsten Partner- und Werbeprogramme, die solch eine Strategie sehr gut umgesetzt haben, bis heute das ADAC-Mitgliedschaftsprogramm. Laut der deutschen Seite von Statista.com zählt der ADAC im Jahre 2017 20,1 Millionen Mitglieder.[6] Hier kann ich nur meinen Hut ziehen. Das haben sie richtig gut gemacht.

Heute geht die Umsetzung dieser Strategie dennoch viel einfacher und schneller. Dem Internet sei Dank. Man sucht sich einfach ein entsprechendes Partnerprogramm aus, das ein bestimmtes Problem einer bestimmten Zielgruppe löst, und man kann innerhalb von wenigen Minuten von zu Hause aus mit den Empfehlungen beginnen. Das Prinzip ist denkbar simpel. Hier ein Beispiel: Es gibt jemanden, der einen Onlinekurs anbietet, in dem man lernt, wie man es schafft, innerhalb von nur 24 Stunden keine Einschlafprobleme mehr zu haben. Stellen wir uns mal die folgende Frage: Wie viele Menschen kennen wir aus unserem Umfeld, die solch ein Problem haben? An dieser Stelle könnten wir jetzt diesen Onlinekurs dieser netten Dame oder des netten Herrn in unserem Netzwerk empfehlen. Zu diesem Zweck sendet man einfach demjenigen, der das Einschlafproblem hat, einen personalisierten Link zu.

Wenn dieser das Produkt kauft, bekommt man dafür eine vorher festgelegte Provision. Die Vorteile liegen klar auf der Hand. Es muss kein eigenes Produkt oder eigener Kurs entwickelt werden. Man braucht sich nicht mit Onlinesystemen zu beschäftigen und es wird keinerlei technisches Know-how vorausgesetzt. Wer eine einfache WhatsApp-Nachricht mit dem eigenen Smartphone abschicken kann, der kann auch Affiliate-Marketing betreiben. Das Schöne daran ist, dass diese Form des Geldverdienens nebenberuflich betrieben werden kann, ohne den jeweiligen Hauptjob aufgeben zu müssen. Es wird nicht mal ein einziger Euro benötigt, um loszulegen. 300, 500, 1 000, 2 000 Euro oder gar mehr sind so locker pro Monat nebenberuflich möglich, je nachdem, welche Programme erfolgreich vermittelt werden. Da für diese Marketingform kein Geldeinsatz nötig ist, rate ich, verschiedene Systeme risikolos einfach auszuprobieren. Die Herausforderung dabei ist es, herauszufinden, welche Probleme das eigene Netzwerk hat. Dann können passende Produkte gesucht und empfohlen werden. Manche werden dann angenommen, andere wiederum nicht. »*Trial and error*«, das Spielchen kennen wir ja schon.

Außerdem steht und fällt der Erfolg mit der Qualität der empfohlenen Produkte. Auch hier gilt es, überaus achtsam und wachsam zu sein. Der eben angesprochene Kurs gegen Einschlafprobleme könnte nämlich qualitativ nicht das halten, was er verspricht. Dieses negative Feedback wird auf den Empfehlungsgeber zurückfallen und negative Auswirkungen auf weitere Empfehlungen haben. Deshalb müssen die empfohlenen Produkte immer eingehend überprüft werden. Ich weiß, eigentlich ist das ein völlig logisches Vorgehen, doch leider in der Praxis überhaupt nicht selbstverständlich.

Wenn es zusätzlich gelingt, als Experte in einem bestimmten Segment wahrgenommen zu werden, ist dies optimal für die Empfehlungsrate und somit für die eigene Geldbörse. Als erstklassiger Empfehlungsgeber tut man sich logischerweise leichter, Dinge an die Leute zu bringen. Dies wird nicht von heute auf morgen funktionieren, aber Ausdauer zahlt sich auch hier aus.

Nun kann man sich folgende Fragen stellen

»Was, wenn ich bereits allen meinen Freunden und Bekannten die entsprechenden Produkte empfohlen habe? Ist das dann das Ende der Fahnenstange? Da kommt ja niemals genug Geld bei rum.«

Ich stimme hier teilweise zu. Wir kommen durchaus schnell an unsere Grenzen, denn kaum jemand hat mehrere Tausend Bekannte oder Freunde. Dies geht sich schon zeitmäßig nicht aus. Wir wollten ja außerdem eigentlich mehr und nicht weniger Zeit zur Verfügung haben.

Vielleicht kennt man dieses Phänomen der fehlenden Kontakte auch aus dem Versicherungsbereich oder aus dem Multi-Level-Marketing. Sobald die Leute ihr näheres Umfeld »abgegrast« haben, ist es vorbei mit dem Umsatz. Doch wir haben das Glück, ins Internetzeitalter hineingeboren worden zu sein. Wir müssen gar nicht alle Menschen persönlich kennen oder sie gar beraten. Eine wunderbare Sache.

Die Nische in der Nische

Obwohl ich mich eigentlich nicht gern selbst lobe, darf ich doch von mir behaupten, als Social-Media-Influencer bekannt und vor allem auch anerkannt zu sein. Das Wort »Influencer« kommt vom englischen Verb »to influence« und lässt sich als

»beeinflussen« übersetzen. Dies wiederum bedeutet, dass ein Influencer großen Einfluss auf die Menschen in seinem Netzwerk hat. Wenn eine dementsprechende Reputation aufgebaut wurde, eignet sich das natürlich hervorragend, um Marketing, Werbung und Vertrieb, wie ich ihn bereits mit dem Affiliate-Marketing beschrieben habe, durchzuführen.

Dank meines Status als Influencer kann ich mir meine Projekte und Kunden nach Lust und Laune selbst aussuchen. Ich spreche hier nicht von einem Influencer, der 500 000 Follower oder mehr auf Instagram hat, sondern von Mikro-Influencern. Diese haben zwar nicht so viele Fans wie Kim Kardashian, aber sie müssen dafür auch nicht so viel Geld investieren, um ihre Zielgruppe zu erreichen oder überhaupt erst aufzubauen. Es funktioniert also auch im Kleinen. Die Voraussetzung, um diese Form der Reputation zu erlangen, sind vor allem die folgenden Kriterien: soziale Autorität, Vertrauenswürdigkeit, Hingabe und konsistentes Verhalten.

Jetzt könnte man natürlich sagen: »Schön und gut! Aber wie wird man nun tatsächlich zum Influencer?«

Mein Erfolg als Influencer basiert größtenteils auf meinem persönlichen Werdegang, den ich oft in meine Inhalte einfließen lasse. Es ist also meine persönliche Art und Weise, wie ich Inhalte vermittle, welche Perspektiven ich auf die Dinge lege und wie ich sie interpretiere. Jetzt höre ich schon die ersten Leser aufstöhnen: »Mensch, Samer, ich bin kein Migrant, ich habe keine so tolle Story vom sozialen Aufstieg und von meinem Erfolg zu erzählen. Mein Leben ist doch im Vergleich völlig langweilig!«

Es mag schon sein, dass nicht jeder ein Migrant ist. Ich muss lächeln bei diesem Satz: Seit wann ist es schließlich von Vorteil, ein Migrant zu sein? Doch interessante und besondere Aspekte gibt es in jedem Leben. Wir müssen sie nur finden und sie dementsprechend kommunizieren und einsetzen.

Folgende Schritte sind wichtig:

Es muss ein Thema gesucht und gefunden werden, mit dem wir uns identifizieren können, oder wir große Lust haben, uns in Zukunft damit tiefergehend auseinanderzusetzen. Die Lust auf und die Leidenschaft für das Thema ist deshalb so wichtig, weil wir uns in Zukunft sehr stark damit beschäftigen werden: Es werden einschlägige Forschungen studiert, Blogs geschrieben, Videos gedreht, Interviews geführt und vielleicht sogar mal ein Buch über das Thema geschrieben – so wie ich es letztendlich gemacht habe.

Beispiel Schlaflosigkeit

Wie könnten wir das Ganze nun angehen? Wir schreiben einen kleinen Artikel darüber, wie wir auf das Thema Einschlafprobleme gekommen sind. Vielleicht ist jemand aus dem Familien-, Freundes- oder Bekanntenkreis davon betroffen. Vielleicht sogar wir selbst. Wir schreiben darüber, was diese Personen dagegen gemacht haben, und beantworten dabei die Fragen: Was hat geholfen? Was hat nicht geholfen?

Mithilfe von *Google Scholar* kann man verschiedene Forschungen zu dem Thema finden und dann Kernaspekte behandeln. Außerdem können auf Facebook Umfragen gestartet werden, um zu sehen, wer überhaupt davon in welchem Ausmaß betroffen ist. Interviews mit betroffenen Personen machen das Ganze noch authentischer. Nach und nach werden zunehmend mehr Artikel und Videos über Einschlafprobleme gepostet. Im Idealfall können wir sogar ein kleines E-Book zu dem Thema verfassen, um unsere Expertise nochmals zu untermauern. Wenn Menschen mit dem Thema Einschlafprobleme zu kämpfen haben, müssen wir in ihrem Kopf als potenzieller Problemlöser aufleuchten oder wir werden dementsprechend empfohlen von jemandem, der unsere Arbeit aufgrund unserer Aktivitäten bereits kennt.

Dies kann für jedes denkbare Thema exakt so durchgeführt werden. Früher oder später wird ein gewisser Expertenstatus mit uns verknüpft sein. In den ganzen Veröffentlichungen weisen wir natürlich darauf hin, dass es einen exzellenten Onlinekurs zu dem Thema gibt. Mittelfristig ist es ratsam, einen eigenen Kurs oder einen eigenen Workshop zu gestalten. Die Möglichkeiten an dieser Stelle sind unendlich.

Mit dieser Herangehensweise heben wir uns positiv von den anderen Leuten ab, die wahllos Affiliate-Marketing betreiben, die alles und jeden empfehlen, solange nur die Provision stimmt. Eines der Hauptkriterien, um einen großen Einfluss auf sein Netzwerk zu haben, ist Vertrauenswürdigkeit. Meine Frage daher: »Würdest Du persönlich Menschen vertrauen, die alles empfehlen, nur, um an Geld zu kommen?« – Also ich nicht.

Es kann natürlich kurzfristig schon funktionieren und die Produktverkäufe steigern, wenn einfach wahllos alles empfohlen wird. Selbst ein blindes Huhn findet mal ein Korn. Mir geht es jedoch darum, den Weg zu einem dauerhaften und nachhaltigen Geschäft zu zeigen. Wer nur an schnellem Geld interessiert ist, wird sehr schnell sehr unglücklich mit meinen Tipps werden.

Möglichst alles möglichst schnell zu empfehlen, um die Provisionen einstreichen zu können: Das ist der Sprint. Jedoch zum Influencer in einer Nische zu werden, ist der Marathon. Wir wollen ja auch in fünf Jahren noch mit unserer Strategie Geld verdienen. Wenn wir uns nun einem Teilbereich widmen und dies über Jahre, dann bringen die Menschen uns dauerhaft mit dem gewählten Thema in Verbindung, was unsere Verkaufschancen massiv in die Höhe schnellen lässt.

Wie ich schon geschrieben habe, ist das durchaus viel Arbeit. Deshalb hier noch einmal mein Hinweis darauf, dass das gewählte Thema eine wirkliche Leidenschaft sein muss. Ansonsten geht uns auf dem Weg die Puste aus und die gesamte Aufbauarbeit war für die Katz! Außerdem macht es am meisten Spaß, mit der eigenen Leidenschaft Geld zu verdienen, sonst hätten wir ja gleich bei unserem normalen Vollzeitjob als Angestellter bleiben können.

Google – Dein Rechercheportal

Bleiben wir mal bei dem schon erwähnten Thema der Einschlafprobleme. Die eben angesprochene Themenauswahl muss nicht willkürlich sein. Bevor man sich mit einem Thema genauer beschäftigt, sollte man vorab checken, ob es überhaupt einen Bedarf gibt. Wie macht man das? Das ist das Schöne an der digitalen Welt. Man muss hier keine kostspieligen Telefonumfragen oder große Marktumfragen starten, sondern benutzt einfach den kostenlosen Keyword-Planer von Google.[7] Dieser zeigt an, welches Stichwort oder welche Stichwortkombination in die Google-Suchleiste eingegeben wurde. Daraus kann man gut die Relevanz des jeweiligen Begriffs ableiten.

> Google ist die führende Suchmaschine im Internet. Nicht nur das, sie ist sogar die Seite mit den meisten Aufrufen im gesamten Internet. Der Marktanteil an Suchmaschinen beträgt in Europa über 90 Prozent Weltweit werden ca. drei Milliarden Suchanfragen pro Tag von Google bearbeitet.[8] Die Suche nach Stichworten kann daher als aussagekräftiger Indikator für die jeweilige Relevanz gesehen werden.

Wenn man das Stichwort »Schlafstörung« eingibt, zeigt einem Google, dass allein im Dezember 2018 10 000- bis 100 000-mal nach dem Thema Schlafstörung gesucht wurde – in nur einem Monat!

Die dabei angezeigte Schwankungsbreite ist völlig normal, nicht irritieren lassen. Google gibt nur deshalb eine Schwankungsbreite an, weil sie diese Information kostenlos zur Verfügung stellen. Sobald eine Werbeanzeige geschaltet wird, geben sie die genauen Zahlen preis. Doch auch hier reicht es, wenn wir wissen, dass im Jahr wohl mindestens 120 000 Menschen nach Informationen suchen, bestenfalls sind es sogar 1,2 Millionen. Es ist also ein Massenmarkt, dem wir uns widmen könnten.

Keine Frage, es handelt sich hierbei um einen gigantischen Markt und vor allem um ein gigantisches Problem für die an Schlafstörung leidenden Personen. Demzufolge werden diese Menschen auch bereit sein, Geld zu investieren, um besseren Schlaf zu finden und ihr Leiden zu minimieren. Die gleiche Suche kann man für ganz unterschiedliche Bereiche anwenden, um herauszufinden, ob das Thema Relevanz besitzt.

Stellen wir uns mal vor, es gäbe ein tolles Produkt, sei es ein Nahrungsergänzungsmittel oder einen Onlinevideokurs, mithilfe derer sich diese Menschen endlich von ihren Einschlafproblemen verabschieden könnten. Würden die betroffenen Personen wohl Geld dafür ausgeben, ihr Problem zu beseitigen? Also ich würde – und wie wir gesehen haben, suchen Tausende von Menschen jeden Monat nach Lösungen für ihr Schlafproblem.

Stellen wir uns also folgende Fragen:

- Mit welchen Problemen hat man selbst im Alltag zu kämpfen?

- Wären wir bereit, Geld dafür auszugeben, um diese Probleme zu lösen?

- Gibt es anerkannte Experten auf diesen Gebieten?

- Was macht diese Experten zu Experten?

So kommen wir Schritt für Schritt spannenden Themen auf die Schliche, die wir weiterverfolgen und im Idealfall zu Geld machen können.

Bekanntheitsbooster – die vier Säulen

Ich lege wirklich allen eindringlich nahe, jegliche Empfehlungen mit der eigenen Persönlichkeit zu verknüpfen. Dadurch erhalten sie Einzigartigkeit, außerdem werden wir zunehmend als Marke wahrgenommen, die für gewisse Werte steht.

Das große Glück ist, dass wir viele Möglichkeiten haben, uns einen Namen zu machen. Der Nachteil ist, dass wir viele Möglichkeiten haben, uns einen Namen zu machen. Wie meine ich das? Es gibt hier zwei Philosophien im Markenaufbau. Die eine Strategie sagt, dass man möglichst auf allen Plattformen unterwegs sein sollte, um Sichtbarkeit zu erlangen. Die andere sagt, dass wir uns auf einige wenige spezialisieren sollten, um die maximale Durchschlagkraft zu entfalten. Beide Strategien haben gute Argumente auf ihrer Seite.

Wie man bereits an der Kapitelüberschrift erkennen kann, bin ich ein Fan von zumindest vier verschiedenen Elementen, die den Markenaufbau nachhaltig unterstützen. Diese sind YouTube, Facebook, Instagram und die eigene Website oder der eigene Blog.

Wir haben jedoch zusätzlich noch Xing, Twitter, Tumblr, Snapchat, LinkedIn, Vero, Flickr, SlideShare, Vimeo, Pinterest und viele weitere mehr. Es wird wahrscheinlich sogar so sein, dass zwischen der Abgabe meines Manuskripts und dem tatsächlichen Erscheinungstermin des Buches weitere Social-Media-Plattformen hinzugekommen sind. Meine Ausführungen werden dennoch maßgeblich dabei helfen, diese richtig einzuschätzen.

Weshalb beschränke ich mich auf vier?

1. Ich glaube nicht, dass auf allen Kanälen, die zur Verfügung stehen, auch überall die anvisierte Zielgruppe gefunden werden kann. Es wäre vergeudete Liebesmühe und natürlich zeitlich sinnlos, eine Plattform mit Inhalten zu füllen, die wenig bis gar nichts an Kunden verspricht. Es ist bei-

spielsweise allgemein bekannt, dass auf Facebook eher ältere Kunden unterwegs sind, während hingegen auf Instagram das Publikum wesentlich jünger ist. Snapchat ist noch jünger, wohingegen Pinterest vor allem von Frauen genutzt wird. Es ist also durchaus sinnvoll, sich mit diesen Gegebenheiten auseinanderzusetzen, wenn man hier Zeit investieren möchte.

2. Ich glaube, dass auf den von mir vorgestellten Kanälen unsere Zielgruppe für Onlinekurse am leichtesten zu finden ist.

3. Ich glaube nicht, dass man auf 14 verschiedenen Kanälen gleich aktiv sein kann. Ich bin eher ein Fan des konzentrierten Vorgehens. Wenn man sehr stark mit der eigenen Community kommuniziert – und das empfehle ich hier eindringlich – hat man gar nicht die Chance, nebenberuflich die gleich hohe Interaktionsrate auf allen Plattformen zu erreichen.

In jedem Fall muss man alle Plattformen im Auge behalten, da sich hier auch Veränderungen ergeben, teilweise innerhalb weniger Wochen. Es kann beispielsweise sein, dass in ein paar Jahren Instagram noch interessanter wird, weil der Durchschnitt der User eben gealtert ist. Wenn jedoch ein junges Zielpublikum anvisiert wird, weil beispielsweise trendige Sportschuhe an Jugendliche verkauft werden sollen, ist vielleicht Snapchat eine Überlegung wert. Professionelle Recherche ist hier einfach enorm wichtig.

Vielleicht wird es in Zukunft ja ein neues »Facebook« geben, das heute noch gar nicht gegründet ist. Der Markt muss dauernd beobachtet und analysiert werden. Trends ändern sich eben und dies schneller als jemals zuvor in der Menschheitsgeschichte.

Für mich sind die folgenden vier Kanäle die wichtigsten und versprechen den meisten Erfolg, wenn man sich und seine Affiliate-Produkte bekannt machen will. Die Gründe hierfür habe ich schon genannt, führe sie nun aber bei den einzelnen Kanälen noch einmal detailliert und spezifisch aus. Meiner Erfahrung nach liefert die Kombination aus allen vier Elementen die besten Ergebnisse.

YouTube

Um eine Marke und folglich Bekanntheit zu erlangen, empfiehlt es sich, einen eigenen YouTube-Kanal aufzubauen. Dort liefert man – kostenlos – Tipps und Tricks, wie man seine Einschlafprobleme in den Griff bekommt.

YouTube ist nicht nur eine Plattform, auf der lustige Videos hochgeladen werden, sondern YouTube ist, nach Google, die zweitgrößte Suchmaschine der Welt. 2006 kaufte der Internetriese Google die Videoplattform YouTube für 1,65 Milliarden Dollar.[9] Es war der bis dato teuerste Zukauf in der Geschichte Googles. Wenn man dabei bedenkt, dass der Domainname erst am 14. Februar 2005 aktiviert wurde und knapp anderthalb Jahre später so ein Deal zustande kam, sage ich: Fettes Geschäft!

Es kann mit dem geschäftlichen Erfolg sehr schnell gehen, muss es jedoch nicht. Menschen, die mir vom schnellen Geld erzählen, nehme ich nicht ernst. Schnelligkeit ist die Ausnahme, nicht die Regel. Im Regelfall baut man eine Personenmarke über mehrere Jahre oder Jahrzehnte auf, nicht von heute auf morgen. Markenaufbau ist die Marathondisziplin und ich sorge dafür, dass meinen Kunden die Luft nicht ausgeht, bevor sie ans Ziel kommen.

Kommen wir aber wieder zu dem riesigen Vorteil, den wir aus dieser Plattform ziehen können: Menschen besuchen YouTube vor allem, weil sie dort eine Anleitung für etwas suchen, eine Lösung für ein Problem. Dank der Fusion von Google und

YouTube werden bei Suchanfragen über Google auch You-Tube-Videos vorgeschlagen. Der größte Vorteil, den die Video-plattform für uns parat hält, ist, dass einmal von uns produzier-te Videos jahrelang noch besucht werden. Ist das nicht genial? Wir drehen also Videos, in denen wir Menschen einen Mehr-wert bieten, ihnen Tipps und Tricks zur Lösung eines Problems zeigen und sie eine komplette Anleitung dafür in einem Affi-liate-Produkt finden. Und schon klingelt die Kasse!

In den Medien wird immer nur über entsprechende Reich-weiten gesprochen, aber wir brauchen gar keine 50 000 Abon-nenten für unseren Kanal, um profitabel zu wirtschaften. Es ist natürlich möglich, diese Zahl zu erreichen, aber eben nicht notwendig. Es müssen lediglich die richtigen Menschen mit den richtigen Inhalten versorgt werden, die dann im An-schluss Produkte kaufen.

Es gibt so viele »prominente YouTuber«, die Hunderttau-sende Abonnenten haben, jedoch kaum Geld verdienen, weil sie ständig die Augen offen halten müssen nach Product-placement-Deals, um sich ein paar Euro dazu zu verdienen. Sie agieren nach dem Motto von Masse statt Klasse! Diese Strategie funktioniert, aber es geht eben auch anders und besser. Produktplatzierung bedeutet nichts anderes, als dass Unternehmen ein Honorar dafür bezahlen, dass ein bestimm-tes Produkt von einem YouTuber in einem Video beworben wird. Das könnte ein bestimmtes Getränk sein, das im nächs-ten Video gut sichtbar vor der Kamera platziert wird. Vielleicht ist es aber auch ein bestimmtes Kleidungsstück einer be-stimmten Marke, über das exklusiv ein Video gedreht wird.[10]

Weshalb machen Firmen dies? Mehreren Studien zufolge kann man durch das gezielte Ansprechen und Instrumentali-sieren einflussreicher Einzelpersonen ein breiteres Publikum erreichen als mit herkömmlichen weit und beliebig gestreu-ten Werbemaßnahmen, die zudem auch noch wesentlich teurer sind. Für die Unternehmen ergibt dies also durchaus Sinn. Für die Influencer bleibt jedoch nicht viel übrig vom Geldkuchen – außer, sie haben eine extrem hohe Reichweite.

Wer Lust darauf hat, YouTube-Influencer zu werden, hat meinen Segen. Ich will aber eigentlich, dass Geld verdient wird und die gesamten Aktivitäten nicht nur aus Egogründen passieren. Anerkennung kann man sich auch von woanders holen, dafür braucht es keinen YouTube-Kanal.

Am meisten Sinn ergibt es also, wie bereits eingangs beschrieben, wenn diese Möglichkeiten miteinander kombiniert werden. Sprich: Es kann ein Blogartikel über Schlaflosigkeit verfasst werden, der über Facebook und Instagram veröffentlicht wird. Ein kurzes Video mit Verweis auf den Blogartikel auf YouTube ist auch nicht verkehrt. Mit der Zeit wird sich eine entsprechende Community automatisch aufbauen. Das ist Schritt für Schritt der Weg Richtung Mikro-Influencer.

Instagram

Laut der Website allfacebook.de hat Instagram im Juni 2018 die Schwelle von einer Milliarde aktiven Nutzern geknackt. Das ist der absolute Wahnsinn. 17 Millionen aktive Nutzer sind es derzeit in Deutschland.[12] Diese Plattform, die inzwischen zu Facebook gehört, ist vor allem visuell ausgelegt. Hier werden Bilder und Videos verbreitet. Außerdem kann man die Inhalte äußerst gut auf anderen Plattformen teilen, was eine zusätzliche Reichweite bedeutet. Viele sprechen sogar davon, dass Instagram das neue Facebook sein wird oder sogar schon ist.

Instagram legt bei der Geschwindigkeit des Informationskonsums noch einmal eine gute Schippe drauf. Die Zielgruppe ist etwas jünger als die bei Facebook. 10,3 Millionen Nutzer der insgesamt 17 Millionen sind jünger als 30. Hier sollte man dann analysieren, ob die Plattform überhaupt geeignet ist für die Produkte oder für uns als Marke. Wobei natürlich angemerkt werden muss, dass auch diese Nutzer jedes Jahr älter werden und somit in kurzer Zeit für das jeweilige Kundensegment wieder interessant werden könnten.

Wie bereits erwähnt, hat jede Social-Media-Plattform ihre eigenen Regeln und Gesetze. Die Entwicklung einer eigenen Strategie ist unumgänglich. Um hier aufzufallen, müssen wir also über qualitative und außergewöhnliche Fotos verfügen.

Wer auf Instagram das eigene Thema passend zum eigenen Affiliate-Produkt verbreitet, kann viel Geld damit verdienen. Auch auf Instagram kann eine große Fangemeinde aufgebaut werden, die gerne mehr über die Personenmarke und die damit verbundenen Produkte erfahren möchte.

Ganz wichtiger Tipp am Rande, der zwischen Erfolg und Misserfolg erheblich entscheiden wird:

Nutze die Plattformen nicht ausschließlich als Werbetrommel, sondern als Tool, um Mehrwert zu liefern, der anderen Menschen dabei hilft, ein bestimmtes Problem zu lösen.

Bloggen

Ein Blog ist eine Internetseite, die ursprünglich von Privatpersonen geführt wurde, also ein virtuelles Tagebuch, in das man seine Gedanken der Öffentlichkeit preisgibt. Mittlerweile bloggen auch immer mehr Unternehmen oder lassen für sich bloggen. Dies ist eine weitere elegante Möglichkeit, die eigene Reputation zu verbessern. Wenn nun zum Thema Schlaflosigkeit mehrere Artikel verfasst werden, die leserlich, informativ und nützlich sind, kann man darin natürlich dementsprechende Affiliate-Produkte empfehlen. Es würde sich zumindest anbieten.

Die Suchmaschine Google liebt Blogs und schüttet sie bei Suchanfragen gerne aus. Besonders, wenn der Blog oft aktualisiert und mit neuen Artikeln »gefüttert« wird. Von Interviews, über Forschungsberichte über Produkterfahrungen – alles ist erlaubt. Hauptsache, es wird gelesen und bietet der jeweiligen Zielgruppe einen nachhaltigen Mehrwert. Auch aufgrund eines Blogs werden Kaufentscheidungen getroffen! Sensationell, oder?

Der Betrieb eines Blogs kostet uns keinen Euro. Außer natürlich die Domain und entsprechende Templates, mit denen man einen Blog überhaupt ins Leben ruft. Alles in allem vielleicht eine Investition von 50 bis 100 Euro im Jahr und damit die Chance auf ein Imperium. Selbst, wenn wir mit unseren Empfehlungen keinen einzigen müden Cent verdienen sollten – wovon wir natürlich nicht ausgehen –, hält sich das finanzielle Risiko mehr als nur in Grenzen. Ich wundere mich immer wieder, dass nur so wenige Menschen wirklich davon Gebrauch machen. Das Chancen-Risiko-Verhältnis ist schließlich phänomenal.

Es hat noch einen weiteren Vorteil, wenn man einen eigenen Blog pflegt: Man wird Schritt für Schritt unabhängiger von anderen Plattformen. Stellen wir uns mal vor, Facebook ändert, wie so oft, seinen Algorithmus und wir erreichen plötzlich nur mehr 5 Prozent unserer Community mit unseren Beiträgen. Oder die Werbeanzeigen werden massiv teurer, so dass wir nach Produkten mit einer größeren Marge Ausschau halten müssten. Spätestens dann ist man froh, wenn die Leute die eigene Homepage bereits kennen und vor allem schätzen, so dass sie immer wieder vorbeischauen, weil sie wissen, dass es ihnen nützt.

Facebook

Facebook ist mein persönlicher Favorit unter allen Möglichkeiten. Es ist für mich der King Kong der sozialen Medien. Nicht nur, weil ich eine persönliche Bindung zu dieser Plattform habe, sondern weil man mit Facebook sensationelle Möglichkeiten hat, um uns und unsere Affiliate-Produkte zu vermarkten. Das liegt auch einfach daran, dass Facebook über zwei Milliarden aktive Nutzer hat.[11] Aktiv ist ein Nutzer dann, wenn er mindestens einmal im Monat auf die Plattform geht. 1,5

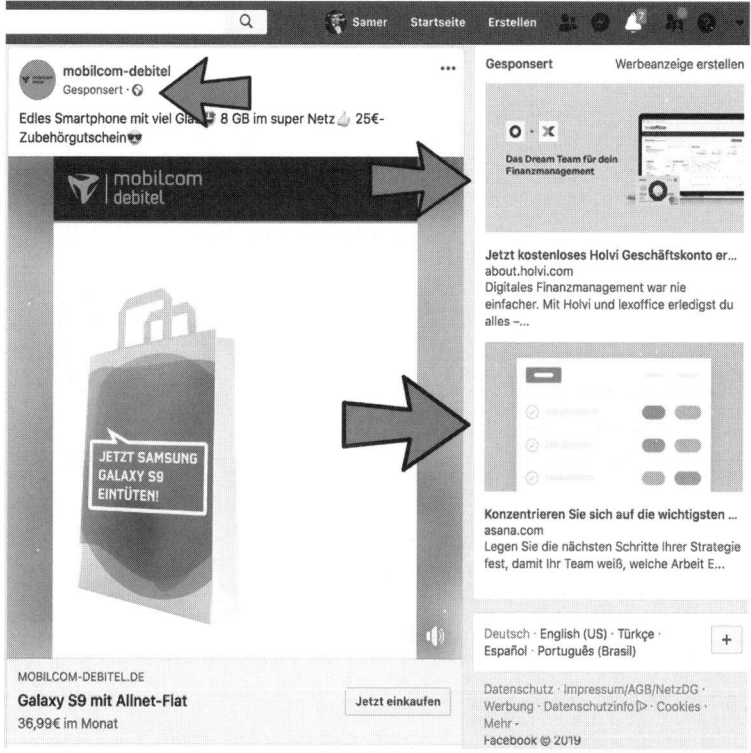

Beispiel einer gesponserte Facebook-Anzeige

Milliarden nutzen die Plattform jeden Tag. Und die Zahlen steigen kontinuierlich. Es ist kaum ein Ende in Sicht. Das Potenzial ist hier gigantisch, wenn wir daran denken, dass 375 Millionen Europäer auf Facebook unterwegs sind. Der Großteil davon mehrmals täglich.

Der absolut erste Schritt ist, eine eigene Fanseite aufzubauen, egal, was das gewählte Thema auch ist. Dort können dann die vorher angesprochenen Inhalte geteilt werden. Die Aufarbeitung der Inhalte kann in Form von Text, Bild oder Video geschehen. Ich habe mit meinen Kunden die Erfahrung gemacht, dass es förderlich für die Motivation ist, wenn man zuerst die Veröffentlichungsform wählt, die einem am meisten zusagt. Mit der Zeit dürfen dann andere Formen hinzukommen. Facebook ist nichts anderes als eine riesengroße, mit zwei Milliarden Menschen gefüllte Spielwiese, auf der wir verschiedene Sachen ausprobieren können. Nicht alles wird funktionieren. Fehler sind nun mal Teil des Lernprozesses. Wir dürfen in die verschiedenen Möglichkeiten hineinwachsen.

Wer noch keine Übung mit Videos hat, sollte zuerst mit dem Posten von spezifischen Texten, passend zum gewählten Themenkreis, beginnen. Danach sollten professionelle Bilder, gepaart mit wichtigen Texten, veröffentlicht werden. Wenn all dies erfolgreich über die Bühne gegangen ist, lohnt es sich, mit einem Video zu starten. Wer auch hier sattelfest ist, kann es mit einem kurzen Facebook-Live-Auftritt versuchen. Stück für Stück und nichts überstürzen! Wir haben ja Zeit. Denn wer keine Zeit für einen Markenaufbau hat, muss wirklich andere Geldquellen suchen, auch wenn so oft Gegenteiliges behauptet wird. Die sofort Eier legende Wollmilchsau wurde auch im digitalen Zeitalter noch nicht gefunden.

Videos, Live-Auftritte und Watch-Partys haben eine ganz andere Wirkung auf Menschen als Texte, dessen müssen wir uns bewusst sein. Wir können uns sicher sein, dass noch weitere Interaktionsinnovationen folgen werden. Schließlich möchte Facebook dafür sorgen, dass wir brav weiter die Plattform besuchen und nutzen. Nur so können Werbeausgaben generiert und gerechtfertigt werden.

Meinen eigenen Erfahrungswerten zufolge gibt es jedoch Unterschiede zu YouTube. Facebook kommt mir schnelllebiger vor. Die Inhalte werden kontinuierlich aktualisiert, weshalb die Inhalte mit fortschreitender Zeit massiv an Reichweite einbüßen, außer wir sind bereit, dafür zu bezahlen.

Einen enormen Vorteil hat Facebook und deshalb ist es für mich die unangefochtene Nummer eins auf dem Sektor der sozialen Medien. Die Plattform bietet uns die Möglichkeit, unsere Zielgruppe messerscharf anzuvisieren und somit passgenau unser Affiliate-Produkt den Menschen anzubieten, denen es den größten Nutzen verspricht. Eine Zielgruppe ist ein bestimmter Personenkreis, der sich für meine Inhalte und mein Thema auch interessiert. Sobald man zum Beispiel ein Video mit seinem Thema publiziert, werden nach und nach nur noch Menschen in der Zielgruppe sein, die sich das auch gerne anschauen. Meine polarisierende Kommunikationsweise wurde dadurch zum Filter und nur die Personen kamen durch, die sich mit mir und meiner Botschaft identifizieren konnten.

Aber wie kann dies in der Realität aussehen? Bleiben wir bei unserem lieb gewonnenen Beispiel der Schlafstörungen. Wir drehen beispielsweise mit dem Smartphone ein Video, in dem eine bestimmte Atemübung beschrieben wird, um sich vor dem Schlafengehen zu entspannen. Dieses Video bietet einen riesigen Mehrwert für die Zielgruppe – ein Aspekt, auf dem immer der Fokus liegen muss. Aus diesem Video kann eine Werbeanzeige gemacht werden, mit einem kleinen Budget von 5 oder 10 Euro. Am Anfang ist es klug, keine großen Beträge zu wählen, um erst einmal zu sehen, wie die Werbung angenommen wird. Wenn die Anzeige gut läuft, kann das Budget natürlich beliebig erhöht werden, je nachdem, wie hoch die jeweilige Provision an den Affiliate-Verkäufen ist. Nach oben gibt es prinzipiell keine Grenze.

Das Unglaubliche daran ist, dass von vornherein eingestellt werden kann, wem die Videos im Newsfeed angezeigt werden. So genannte »hard facts« wie Alter, Geschlecht, Wohnort, Familienstand etc. können eingegeben werden. Doch der wirkliche Clou kommt nun: Facebook hat es geschafft, dass Menschen sich »outen«. Sie geben gerne preis, welche Filme sie sehen, welche Veranstaltungen sie besuchen oder welchen Vereinen sie angehören. All diese Informationen bietet Facebook den Werbetreibenden an, was für uns natürlich einen riesigen Mehrwert bietet, den Facebook sich wiederum bezahlen lässt. Wir können punktgenau dafür sorgen, dass unsere Anzeige nur die Personen zu Gesicht bekommen, die sie zu Gesicht bekommen sollen.

Das ist nun Marketing auf einem ganz neuen Level, als wir es bisher kannten. Denn jetzt schießen wir nicht mehr mit einer Schrotflinte auf gut Glück durch die Gegend, sondern wir verfügen über ein Scharfschützengewehr, das sogar auf fünf Meilen Entfernung haargenau trifft. Früher musste man in einer Zeitschrift inserieren, die hohe Auflagenzahlen aufwies, und hoffen, dass die richtigen Menschen sie in die Finger bekamen. Darüber hinaus musste man hoffen, dass die richtigen Menschen die bezahlte Anzeige auch tatsächlich wahrnahmen. Das war natürlich teuer und mit einem sehr hohen Unsicherheitsfaktor verknüpft. Marketing funktioniert heute anders. Es gibt nur mehr wenige bis gar keine Argumente, weshalb ich in einer Zeitung mein Business bekannt machen sollte. Facebook nimmt mir diese Entscheidung fast ab.

Das ist doch grenzgenial! Damit können wir ganz genau entscheiden, welche Menschen unsere Videos sehen. Die Wahrscheinlichkeit, dass sich, durch eine messerscharfe Zielgruppenauswahl, jemand für unsere Affiliate-Produkte interessiert, steigt enorm. Dafür gibt es von mir ein »big like«!

Wie groß muss eine Nische überhaupt sein?

Eine Frage, die sich relativ schnell stellt: Ab welcher Größe ist eine Nische überhaupt sinnvoll? Wie groß soll meine Community sein, damit das alles zweckmäßig ist? Kurze Antwort: nicht groß. Ok, mit dieser Antwort ist niemandem geholfen. Daher gerne etwas ausführlicher: Wir werden immer wieder mit riesigen Follower-Zahlen der Superstars konfrontiert. Im Februar 2019 hatte die Fanseite von Kim Kardashian fast 30 Millionen Likes. Auf Instagram sind es sogar 129 Millionen Follower. Unglaubliche Zahlen. Die schöne Nachricht: Wir müssen uns überhaupt nicht an ihnen messen. Wir spielen in unserer ganz eigenen Liga.

Tatsächlich gibt es für jede Nische genug Menschen, die sich dafür interessieren. Ein Freund von mir meinte scherzhaft, sogar die Nische der Selbstmörder würde sich leicht füllen lassen. Damals hat mich seine Aussage schockiert, aber heute gibt sie mir Mut, meine Klienten auch bei einer außergewöhnlichen Nischenbesetzung zu unterstützen.

Für jedes Thema lassen sich genug Menschen finden, um Geld zu verdienen. Aufgabe ist es, diese zu finden. Es muss kein Massenmarkt sein, der bedient wird. Ganz im Gegenteil – ich rate meinen Kunden dazu, sich auf kleinere Nischen zu spezialisieren, damit sie nicht aus der Menge der Anbieter für ein Massenprodukt herausstechen müssen. Da können sie eigentlich nur den Kürzeren ziehen. Es wird nämlich immer jemanden geben, der mehr Geld für Werbung einsetzen kann oder einfach einen finanziell längeren Atem hat, um finanzielle Durststrecken durchzuhalten. Einmal anerkannte Experten lassen sich nur mit viel Aufwand vom einmal eingenommenen Thron stürzen. Deshalb lieber einen eigenen Thron suchen und ihn thematisch besetzen.

Bei meinen Recherchen bin ich auf einen interessanten Autor gestoßen, der sich genau mit diesem Thema der Nischengröße auseinandersetzt. Es ist der Amerikaner Kevin Kelly. In Tim Ferriss' Buch *Tools der Titanen: Die Taktiken, Routinen und Gewohnheiten der Weltklasse-Performer, Ikonen und Milliardäre* schreibt er in einem Artikel über seine These der 1000 Fans. Kelly geht davon aus, dass es das oberste Ziel eines jeden Musikers, Autors, Künstlers, Vertrieblers etc. sein muss, eine Fanbasis von in etwa 1000 Menschen aufzubauen. Je nach eigenem Business können diese Zahlen natürlich variieren.

Wenn man davon ausgeht, dass jeder dieser Fans 100 Dollar/Euro pro Jahr für die Produkte und Services der Künstler ausgibt, dann kann man damit relativ gut leben. Wenn uns nun 100 Dollar oder Euro zu hoch vorkommen, dann verdoppeln wir einfach die Fanbasis und halbieren den Betrag, den diese Menschen investieren müssen. Wenn uns 100 000 Euro zu wenig erscheinen, dann verdoppeln wir einfach die Fanbasis oder wir geben den Kunden die Möglichkeit, doppelt so viel bei uns zu kaufen.

Ich finde diese Interpretation des Businessaufbaus vor allem deshalb interessant, weil es keine unüberwindbare Hürde darzustellen scheint. Wenn jemand mit 50 000 Euro über die Runden kommt, dann reichen theoretisch schon 500 Menschen, die jeweils 100 Euro in dessen Produkte und Dienstleistungen investieren. Diese Vorstellung nimmt den Druck, Millionen Menschen erreichen zu müssen. Es hilft dabei, eine eigene Nische zu entwickeln und zu kultivieren. Egal, was das Thema auch sein mag. Wir müssen langfristig lediglich etwa 1000 Personen von uns und unseren Ideen überzeugen. Es muss alles dafür getan werden, dass die eigene Reputation in der selbst gewählten Nische steigt. Dann kommen die Menschen immer wieder und kaufen.

Selbst wenn uns nur 20 Euro pro Empfehlung bleiben, haben wir immerhin 20 000 Euro Gewinn pro Jahr. Das ist schon eine enorme Zahl, wenn man sie nebenberuflich erzielen kann. Wer Affiliate-Marketing hauptberuflich betreiben will, muss diese Zahl sicherlich mindestens verdreifachen. Oder aber er entwickelt eigene Produkte und steckt den gesamten Gewinn in die eigene Tasche. Dann wiederum reichen 1000 Fans. Spannendes Thema.

Die vier größten Märkte

Man kann in jedem Markt Geld verdienen. Überall, wo nach Lösungen gesucht wird, wird für die Lösung gerne Geld in die Hand genommen. Es kann sogar dort Umsatz lauern, wo man es am wenigsten erwartet. Eines der meistverkauften Online-produkte ist zum Beispiel: »Wie man einen Hühnerstall richtig baut«. Verrückt, oder?

In den letzten Jahren haben sich jedoch vier große Märkte herauskristallisiert, die eine äußerst hohe Nachfrage haben und ständig weiterwachsen. Ich möchte hier erklären warum dies so ist. Diese Märkte sind alle groß und bewegen jedes Jahr Milliarden an Euro. Meine gewählte Nummerierung soll nicht als Ranking verstanden werden, denn jeder der vorgestellten Märkte übt seinen eigenen Reiz aus. Außerdem spielt es für meine Ausführungen keine Rolle, ob man sich mit

Affiliate-Marketing oder mit einem eigenen Produkt in diesen Märkten bewegt.

Kleiner Exkurs: Maslows Bedürfnispyramide

Gerne gehe ich auf ein paar Punkte ein, die auch mir geholfen haben, die vier größten Märkte zu verstehen, und daran ausgerichtet spezielle und maßgefertigte Produkte zu entwickeln. Es hat nämlich einen besonderen Grund, warum genau diese Märkte die größten sind. Das lässt sich anhand der Maslow'schen Bedürfnispyramide, also der Interpretation von Maslows Bedürfnishierarchie erklären. Diese Bedürfnishierarchie ist eine sozialpsychologische Theorie des US-amerikanischen Psychologen Abraham Maslow (1908–1970). Sie beschreibt menschliche Bedürfnisse und Motivationen. Das Spannende daran ist, dass er diese in eine Reihenfolge nach ihrer Wichtigkeit brachte. Maslow unterteilt die Pyramide in zwei Bereiche: im unteren Bereich in die Mangel- und Defizitbedürfnisse und im oberen Bereich der Pyramide in die Wachstumsbedürfnisse.

Defizitbedürfnisse

Die Basis der Pyramide besteht aus den Grundbedürfnissen, die sogenannten physiologischen Bedürfnisse wie Essen, Trinken, Schlafen, Sex, Atmen und das körperliche Wohlbefinden. Dann kommen die Sicherheitsbedürfnisse, wie die materielle Sicherheit, berufliche Sicherheit und Wohnen. In Deutschland scheint dieser Bereich besonders ausgeprägt. Die Angst, den eigenen Job, das eigene Geld zu verlieren, sind wesentlich größer als ein gesundes Chancendenken. Es gibt im Englischen sogar eine eigene Bezeichnung für dieses Phänomen: die »German Angst«. Sehr bezeichnend.

Dann kommen die sozialen Bedürfnisse. Klar, wenn der Mensch genug zu essen und ein Dach über dem Kopf hat, dann hat er soziale Bedürfnisse wie Freundschaft, Liebe und Gruppenzugehörigkeit. Wir suchen dann unser Heil in Religionsgemeinschaften, politischen Parteien oder sonstigen Vereinen. An dieser Stelle kann man sich vorstellen, dass soziale Beziehungen und soziale Anerkennung für Menschen wichtig sind. Nachdem man die drei untersten Bedürfnisebenen (die physiologischen, Sicherheits- und sozialen Bedürfnisse) befriedigt hat, hat man die Mangelbe- dürfnisse erfolgreich überwunden.

Wachstumsbedürfnisse

Zu den Wachstumsbedürfnissen zählen Wertschätzung und die Selbstverwirklichung. Bei der Wertschätzung, also den Individual- bedürfnissen liegt der Schwerpunkt auf den Ich-Bedürfnissen und der Geltung in der Gesellschaft. Zu den Ich-Bedürfnissen ge- hören beispielsweise Erfolg, Freiheit, Unabhängigkeit und Stärke. Daran angeknüpft bedeuten die Ich-Bedürfnisse auch Ansehen, zum Beispiel in der Gesellschaft. Deshalb ist der ausgeübte Job so wichtig, weil er einem innerhalb der Gesellschaft Ansehen verlei- hen kann. Ein Arzt hat ein anderes Ansehen als ein Bauhilfsarbei- ter. Das klingt hart, ist aber eine Tatsache.

Das Thema »Persönliche Weiterentwicklung/Selbstverwirkli- chung« ist die höchste Stufe der Pyramide und geht aus einer in- neren Motivation hervor. Man möchte etwas Bleibendes in der Welt hinterlassen, das über das eigene Leben hinausgeht – zum Beispiel ein eigenes Buch, ein eigenes Unternehmen oder einen Verein.

1. Gesundheit/Fitness/Schönheit

Immer mehr Menschen werden gesundheitsbewusster, weil in diesem Bereich ein enormer Leidensdruck herrscht. Wir er- innern uns an die immense Werbung im Fernsehen und im Internet, wo es immer wieder hieß: »I'll make you sexy!« von Detlef D. Soost! Und dies ist nur einer von vielen Anbietern, der diesen Markt für sich nutzen möchte. Es dauerte nämlich nicht lange, bis Daniel Aminatis, der ProSieben-Moderator, mit seinem Programm »Mach dich krass« auf den Bildschirmen erschien. Sogar der erfolgreiche deutsche Rapper Kollegah hat längst das enorme Potenzial dieses Marktes erkannt und startete ebenfalls ein Onlinefitnessprogramm namens »Bosstransformation«, das für 197 Euro Muskelzuwachs bei Männern verspricht.

Jede Studie, die in diesem Bereich durchgeführt wurde, sagt, dass wir länger leben, wenn wir uns gesund ernähren und Sport treiben. Die Angst vor einem frühzeitigen Tod oder einer Erkrankung treibt Menschen zum Handeln. Fear sells! Oder aber wir wollen für das andere Geschlecht attraktiv erscheinen. Sex sells! Die Stereotypen sagen, dass der Mann einen gewissen Bizepsumfang haben muss und die Frauen eine wohlgeformte Taille. Die Mischung aus Gesundheits- und Sexualaspekten treibt die Menschen an, gesundheitlich etwas für sich zu tun.

Ähnlich verhält es sich im Fitnessmarkt. Zu Beginn der Fitnessbewegung waren es nur wenige Bodybuilding-Studios, versteckt in diversen Kellern. Beim Betreten dieser Studios stach einem sofort der Männerschweiß in die Nase. Dann kam die Phase, als solche Studios nicht nur für den Muskelaufbau, sondern als Gesundheitscenter positioniert wurden. Das war für die Masse vermarktungsstrategisch klug. Die nächste Phase konzentrierte sich auf das weibliche Geschlecht. Diese sollten gezielt angesprochen werden und sich etwas Gutes tun. Erst danach kamen die Discount-Fitnessstudios, die Gesundheit und Fitness für jedermann erschwinglich machten. Fast in jeder Stadt gibt es mehrere davon und beinahe wöchentlich eröffnen neue. Diese Expansion ist ein starker Hinweis darauf, dass wir es hier mit einem Massenmarkt zu tun haben.

Auch die mediale Berichterstattung über Gesundheit, Schönheit und Sport sind wichtige Hinweise auf ein boomendes Geschäft. Wie viele Fitnessmagazine gibt es mittlerweile? Klatschzeitschriften berichten über neueste wissenschaftliche Erkenntnisse im Bereich Diät und Wohlbefinden. Darauf aufbauend hat sich eine ganze Industrie von Nahrungsergänzungsmitteln hervorgetan. Weil es eine Abkürzung und Konzentration zur Traumfigur und zur eigenen Gesundheit darstellt, greifen immer mehr Deutsche zu Nahrungsergänzungsmitteln. Dass mittlerweile auch ein gutes Aussehen, ein trainierter Körper und ein vitales Leben beim Bewerbungsgespräch für einen neuen Job vorteilhaft sein können, ist schon lange kein Geheimnis mehr. Der Leidensdruck in diesem Markt ist dementsprechend hoch.

Keine Angst, ich empfehle hier nicht, ein Fitnessstudio zu eröffnen. Das wäre so ziemlich das Gegenteil von all dem, das ich bis hierhin geschrieben habe: Das wären schließlich hohe Fixkosten, große Abhängigkeiten und ein hoher zeitlicher Aufwand. Dennoch können wir an diesem Markt und seinen Möglichkeiten teilhaben. Ein Onlinekurs in einer speziellen Nische dieses Marktes kann einige tausend Euro pro Monat in die Haushaltskasse spülen.

Wenn man selbst sportlich aktiv ist, hat man dafür natürlich die besten Voraussetzungen. Jede selbst entwickelte Methode, wie man überschüssige Pfunde verliert oder gesund und lecker kocht, ohne hungern zu müssen, kann die Basis für solch einen selbst gestalteten Kurs sein. Alles, was uns hilft, ein Alleinstellungsmerkmal zu erreichen, wird dazu führen, eine Nische in der Nische aufzubauen. Die oben genannten Promis möchten logischerweise mit ihrem Promistatus punkten. Ihre riesigen Werbebudgets und die damit verbundenen Reichweiten können wir niemals erreichen. Deshalb muss man sich thematisch deutlich unterscheiden. Die Promis kratzen alle Themen nur oberflächlich an oder müssen sich einem Massenmarkt mit Massenproblemen widmen, um ihre Werbebudgets wieder reinzuholen. Wir aber können auf spezifische Probleme eingehen, die weitaus weniger Menschen betreffen. Man könnte sich beispielsweise auf frischgebackene Mütter oder Väter spezialisieren und ihnen Methoden zeigen, wie sie neben ihrer Vater- oder Mutterschaft ein zeitsparendes Training absolvieren können. Wie sie, mit wenigen Zutaten, innerhalb von wenigen Minuten eine hochwertige Mahlzeit für sich zaubern. Man könnte sich auf Hobbyfußballer konzentrieren, die an Robustheit zulegen müssen, um in den unteren Ligen körperlich bestehen zu können. Dabei könnte man den Fußball als Trainingsgegenstand einbauen, etc. Es gibt unendlich viele Möglichkeiten.

Hier ein Beispiel aus der Praxis: Die Geschichte von Freya ist ein Paradebeispiel dafür, wie man in einer Nische erfolgreich werden kann. Seit ihrem vierten Lebensjahr liebte und lebte Freya das Eiskunstlaufen. Bis zu ihrem siebzehnten Lebensjahr verbrachte sie ihre meiste freie Zeit auf dem Eis. Bis ihr von verschiedenen Ärzten die traumvernichtende Diagnose »Hüftschaden« mitgeteilt wurde. Sie musste sofort mit dem Eislaufen aufhören und sich der Tortur unendlich vieler Operationen unterziehen. Nach diesen komplizierten Eingriffen war Freya monatelang ans Bett gefesselt und konnte sich anschließend nur mehr mit Krücken fortbewegen. Um wieder fit zu werden, führte sie eine eigene Reha durch. Nachdem ihr von den Ärzten verboten wurde, wieder aufs Eis zu gehen, widmete sie sich dem Tanzen. Als Sportlerin und als Tänzerin hilft sie nun Menschen online und offline, ein besseres Körpergefühl zu bekommen. Sie lehrt ihre Kunden, wie sie mit dem Tanzen nachhaltig an Gewicht verlieren – und dies mit einer großen Portion Spaß. Sie hat ihren YouTube-Kanal Ende 2017 begonnen und bereits über 13 500 Abonnenten. Ihr Onlinekurs »Außen straff, innen locker« verkauft sich wie geschnittenes Brot. Freya hat ihre Nische gefunden und bringt immer mehr Fans dazu, sich mit ihr zu beschäftigen.

2. Dating/Beziehungen

Kaum jemand von uns möchte allein sein Leben verbringen. Und wenn schon keine Beziehung eingegangen werden soll, dann wenigstens hin und wieder eine heiße Affäre. Dieser Markt hat sowohl mit Schmerzvermeidung als auch mit Freude zu tun. Wie man sich also vorstellen kann, ist dies ein unglaublich großer Markt. Er steht in direktem Zusammenhang mit unseren Urinstinkten. Wir wollen lieben und geliebt werden – Ausnahmen bestätigen die Regel. Es geht nicht nur darum, seine große Liebe zu finden, sondern vielleicht sogar darum, die eigene Beziehung zu retten oder seinen Ex wieder zurückzugewinnen. Auch verschiedene Formen der Ablenkung von einer gescheiterten Beziehung sind denkbar. Der Markt ist vielfältig und betrifft beinahe jeden Menschen auf der Welt auf die eine oder andere Weise.

Wenn man Menschen in diesem Bereich helfen kann, tut man nicht nur etwas Gutes, sondern kann auch wirklich viel Geld in dieser Nische verdienen. Auch hier sehen wir den potenziellen Massenmarkt anhand diverser Datingportale wie Tinder, ElitePartner oder sogar LoveScout24. Hier geht die Entwicklung noch schneller, weil das Kennenlernen heute relativ einfach digital vonstattengeht. Deshalb schießen neue Dating-Apps fast täglich aus dem Boden empor.

Andere Menschen, speziell Beziehungs- oder Sexpartner, kennenzulernen, scheint uns enorm wichtig. Durch das Internet hat sich das Kennenlernen von Menschen fundamental verändert. Es warten Tausende und Abertausende Kontaktmöglichkeiten da draußen auf uns. In vielen Bereichen ist es heute wirklich einfacher, Menschen kennenzulernen oder gar seinen Traumpartner fürs Leben zu finden, da örtliche Grenzen keinerlei Hindernisse mehr darstellen. Man kann bequem von zu Hause aus Flirtsignale in die Welt senden oder aber Tipps erhalten, wie man seine eigene Beziehung aufs nächste Level hebt.

Schmerzhafte Erfahrungen, die man auf diesem Sektor bereits gesammelt hat, können anderen Menschen dabei helfen, diese Erfahrungen nicht mehr machen zu müssen. Wie man Menschen helfen kann, sieht man an dem tollen Beispiel meines Freundes Darius Kamadeva. Ich habe Darius auf einem Marketingevent in München kennengelernt, wo ich den Award für »Deutschlands besten Vertriebscoach« gewann, da ich mich gegen zwei Hochkaräter aus der Branche mithilfe eines Communityvotings hatte durchsetzen können.

Als Darius mir vorgestellt wurde, waren wir uns sofort sympathisch, da wir anscheinend auf derselben Wellenlänge schwammen. Doch nicht nur seine Art zog mich in den Bann. Besonders interessierte mich, wie er sein Geld verdiente. Gemeinsam mit seinem Team bietet Darius Onlinekurse, Retreats, Seminare, Liveevents, Coachings und Videoinhalte an, die jemanden zur Liebe seines Lebens bringen. Diese sind speziell für Frauen konzipiert. Sein Motto: »Finde den Mann Deiner Träume, denn jede Frau hat das Recht auf eine glückliche Beziehung.« Er begann 2008 mit dem Thema und hatte beim Start die Vision, Menschen zu einer glücklichen Beziehung zu sich selbst und zu anderen zu verhelfen. Dadurch möchte er einen Beitrag leisten, eine nachhaltige, stabile und liebevolle Gesellschaft zu schaffen.

Darius wollte ursprünglich Wirtschaftsingenieur werden, jedoch entschied er sich aufgrund seiner eigenen schmerzhaften Erfahrungen dazu, Dating-Coach in Vollzeit zu werden. Seine Mutter hatte mit ihm und seinen Geschwistern in ein Frauenhaus flüchten müssen, weil sein Vater immer wieder mal über die Stränge schlug. Daher entschied Darius für sich, dass er einfach nicht will, dass Menschen in einer solch toxischen Beziehung leben müssen. Sein Herz blutet, wenn er mitbekommt, was sich Menschen in Partnerschaften antun – und daran will er etwas zum Positiven ändern. Er selbst weiß aus früheren Beziehungen auch, wie schmerzhaft es ist, wenn einem das Herz gebrochen wird. Er bewahrt andere Menschen mit seinen Coachings davor, denselben Schmerz erleben zu müssen. Dies schafft er, indem er ihnen wertvolle Tools und das richtige Mindset mit auf den Weg gibt.

Dass er sehr erfolgreich ist, mit dem, was er tut, zeigen nicht nur seine unzähligen Klientinnen, sondern auch seine mittlerweile über 74 000 Abonnenten auf YouTube. Es ist seine Leidenschaft und genau aus diesem Grund ist er erfolgreich damit – und nicht wegen des Geldes. Dass er damit nun mittlerweile sehr gut verdient, ist nur die logische Konsequenz seiner Passion und seines unabdingbaren Willens, anderen Menschen helfen zu wollen.

Was können wir aus der Geschichte meines Freundes Darius für unser Business lernen? Selbst äußerst negative Dinge, die uns in unserem Leben passiert sind, können langfristig positiv für uns sein. Dass wir mittlerweile daraus einfach ein eigenes Business entwickeln können, ist nur dank Internet und Social Media möglich.

3. Geld verdienen/Finanzen/Unternehmensgründungen

Ein ebenfalls extrem spannender Markt, der in unzählige Unternischen eingeteilt werden könnte und gleichzeitig unermesslich groß ist, ist alles, was mit dem Thema Finanzen und Einkommen zu tun hat. Keiner will so wirklich drüber sprechen, weil es leider in Deutschland noch ein Tabuthema ist. Dabei ist jedem von uns völlig klar, dass man ohne Geld nicht einmal seine Grundbedürfnisse befriedigen könnte: Ohne Geld könnten wir uns keine Nahrung kaufen oder uns kein Dach über unserem Kopf leisten. Deswegen gehen die Menschen auch tagtäglich 45 Jahre lang einem Job nach, um genau diese Bedürfnisse zu decken. Urlaub, Konsum sowie die schulische Ausbildung der Kinder müssen ebenfalls finanziert werden.

Wir alle kennen den Satz: Über Geld spricht man nicht – entweder man hat es oder man hat es nicht. Ich will aber darüber sprechen, weil es viele Menschen beschäftigt und einen Schmerzfaktor darstellen kann, wie eben auch die anderen vier großen Märkte. Man stelle sich nur den inneren Schmerz der Eltern vor, die ihrem Kind leider nicht das heiß ersehnte Spielzeug kaufen können, weil eben Ebbe in der Kasse herrscht.

Laut eines Artikels auf *Spiegel Online* gehen ca. 2,7 Millionen Deutsche einem zweiten Job nach.[13] Das ist fast unglaublich für mich. Millionen Menschen in einem der reichsten Länder der Welt müssen einem zweiten Job nachgehen, um ihre

Träume zu erfüllen. Tendenz steigend und kein Ende dieser sonderbaren Entwicklung in Sicht. Da kann doch was nicht stimmen, oder geht es nur mir so?

Hunderttausende suchen einen Job oder weitere Einkommensmöglichkeiten. Die Beweggründe sind unterschiedlich. Ob man mithilfe zusätzlicher Einnahmen den eigenen Kredit für das Haus schneller abbezahlt, sich mehr Luxus gönnt oder einfach nicht jeden Cent mehr umdrehen will, ist am Ende völlig irrelevant. Es geht darum, Geld zu verdienen.

Sehr viele Menschen sind überaus dankbar, wenn man ihnen seriöse Möglichkeiten bietet, mit einer freien Zeiteinteilung zusätzliches Geld in die Haushaltskasse zu spülen. Dieser Markt ist gigantisch. Nicht nur, weil er allein das Thema »Geld verdienen« beinhaltet, sondern auch weil viele Nebenthemen wie Selbständigkeit, Unternehmertum oder Anlagen abgedeckt werden. Menschen suchen nach Lösungen, wie sie am besten ihr hart erspartes Geld anlegen, ein Vermögen aufbauen oder Steuern sparen können.

Als Geldexperte könnte man dafür sorgen, dass die Menschen ihr eigenes Heim finanzieren können, statt ein Leben lang Miete zahlen zu müssen. Andere wiederum brauchen Rat von jemandem, der ihnen bei der Unternehmensgründung hilft, oder der bestehende Unternehmen dabei berät, mehr Umsatz zu generieren, zum Beispiel mit einer Social-Media-Agentur. Tausende Unternehmen haben noch keine Onlineprozesse implementiert und suchen nach einem Onlinemarketingexperten, der ihnen zur Seite steht. Jede Erfahrung, die man auf verschiedenen privaten und beruflichen Wegen gemacht hat, ist bare Münze wert. In diesem Markt liegt viel Potenzial und noch mehr Geld, weil es hier eben immer um Geld geht.

In genau diesem Markt bin ich selbst mit meinem Business unterwegs, weil ich mich hier am besten auskenne. Ich helfe lokalen Unternehmen dabei, die Nr. 1 in ihrer Stadt zu werden, und ich helfe Menschen dabei, aus ihrem Wissen eine Menge Geld zu machen.

4. Persönlichkeitsentwicklung/Selbstverwirklichung

Wir hören das Wort Persönlichkeitsentwicklung so oft und dennoch weiß keiner genau, was es denn wirklich bedeutet. Bereits die großen Philosophen wie John Locke und Immanuel Kant haben sich mit Persönlichkeit als eigenständigem Begriff auseinandergesetzt. Vorher war der Begriff primär religiös geprägt.

Heute verbinden wir in der Weiterbildungsbranche vor allem zwei Aspekte damit:

1. Die Suche nach dem Sinn des eigenen Lebens – also durchaus wieder philosophisch angehaucht.

2. Die »Verbesserung« oder »Optimierung« der eigenen Fähigkeiten in bestimmten, für uns wichtigen Bereichen.

Es gibt eine große Bandbreite von Definitionen zu diesem Begriff. Schlussendlich muss jeder selbst wissen, was er wie anstreben möchte in diesem Bereich. Meiner Meinung nach ist eine kontinuierliche Weiterentwicklung in allen fünf Lebensbereichen, auf dem unser Haus des Lebens steht, elementar wichtig. Zu den fünf Lebensbereichen gehören

- Gesundheit,

- Finanzen,

- Beziehungen,

- Berufung (Sinn des Lebens) und

- Persönlichkeit (Emotionen).

Es ist wichtig, in jedem Bereich ein Gleichgewicht zu haben, damit man ein glückliches und erfülltes Leben führen kann. Aber auch zwischen den Bereichen muss Balance herrschen. Was nützt es, wenn wir Millionen auf dem Konto haben, aber keine glückliche Beziehung führen? Was nützt es, wenn ich viel Geld in meine Persönlichkeitsentwicklung gesteckt habe, aber körperlich aus dem »letzten Loch pfeife«? Ich kann nur für mich sprechen, aber für mich ist dies eine sehr wichtige Schlussfolgerung auf die Betrachtungen meines bisherigen Lebens. Und wie wir wissen, habe ich schon das ein oder andere hinter mir.

Erst als ich endlich angefangen hatte, mich um meine fünf Lebensbereiche zu kümmern, wurde ich wirklich erfolgreich im Leben – und das geht eben nur, wenn man eine Weiterentwicklung in allen Bereichen anstrebt. Es geht auch darum, die Kontrolle über das eigene Leben zurückzuerlangen. Das Stichwort ist hier: Gleichgewicht.

Dadurch, dass ich so viel arbeitete, um meiner Leidenschaft nachzugehen, hatte ich weniger Zeit für meine sozialen Kontakte. Vor allem meine Frau und meine Kinder litten furchtbar darunter. Das brachte Ungleichgewicht in mein und ihr Leben. Früher oder später hat das Ungleichgewicht eines Bereiches Auswirkungen auch auf die anderen Bereiche. Die Leistungen im Beruf werden nicht unbedingt besser, wenn zu Hause das Dach brennt. Persönliches Leid hat natürlich wieder Auswirkungen auf die Gesundheit psychischer und auch physischer Natur. Es gibt Menschen, die aus Frust essen oder hungern – beide Varianten sind in ihrer Extremform zweifelsohne kontraproduktiv.

Ebenso suboptimal ist es aber, wenn ich tolle Freunde und eine sensationelle Partnerschaft, dafür aber Schulden en masse angehäuft habe. Dieser Umstand wird sich ebenfalls, früher oder später, auf die anderen Bereiche auswirken. Stress ist die unweigerliche Folge, und wie wir aus unserem Leben wissen, ist dies wohl einer der schlechtesten Berater.

Viele Menschen fragen sich: »Kann das schon alles im Leben gewesen sein?« Tagein, tagaus arbeiten gehen, um dann nur Rechnungen von dem hart erarbeiteten Geld zu bezahlen. Manche verdienen gut in ihrem Job und haben eine perfekte Beziehung, jedoch haben sie ihre eigene Bestimmung noch nicht gefunden und begeben sich auf die Suche danach. Weil eben dieser Markt so wichtig ist und immer wichtiger wird in unserer Gesellschaft, ist er so riesig. Menschen suchen nach Möglichkeiten, sich weiterzuentwickeln oder ihren eigenen Platz in der Gesellschaft zu finden.

Persönlichkeitsentwicklung bedeutet für mich, dass es uns immer besser gelingt, mit den Herausforderungen des Lebens umzugehen, ohne zu wissen, wie diese Herausforderungen genau aussehen werden. Ein ebenfalls wichtiger Aspekt, den ich in der täglichen Arbeit mit meinen Kunden sehe, ist der folgende: Wir müssen uns selbst einfach besser kennenlernen und verstehen. Je besser uns dies gelingt, desto offener können wir unserer Umwelt begegnen und desto glücklicher werden wir leben.

Durch meine eigene Persönlichkeitsentwicklung sehe ich heute Probleme nicht mehr als nie enden wollende Krisen, die völlig überflüssig sind, sondern als Chance, an ihnen zu wachsen. Wir kennen alle diesen Spruch, oder? »Was einen nicht umbringt, macht einen härter.« Zu lernen, seine Festplatte im Kopf darauf zu programmieren, Dinge aus einer anderen Perspektive zu betrachten, um eine Lösung zu finden – das ist das Ziel, um das es geht. Dieses Marktsegment ist ein Multimillionen-Euro-Business, und ich empfand es als absolutes Muss, es mit auf die Liste der vier wichtigsten Märkte zu setzen.

Die eigene Nische finden

Die Möglichkeiten, um sich selbst eine Nische in der Nische aufzubauen, sind wirklich unbegrenzt, wie eine kleine Auflistung am Ende dieses Kapitels sehr schön zeigt. Es gibt kein

Thema, das nicht professionell aufgearbeitet und anschließend verkauft werden kann. Einzig Kreativität und Beharrlichkeit sind vonnöten.

Wenn man nicht wild drauflos suchen möchte, kann man auch einen Top-down-Ansatz nutzen, um zur eigenen Nische zu gelangen. Im Beispiel der folgenden Abbildung haben wir Sport als oberste und somit allgemeinste Kategorie. Danach kann man sich entscheiden, ob man sich für Ausdauer, Muskelaufbau oder eine Kombination dessen interessiert. In diesem Fall habe ich mich für den Muskelaufbau entschieden. Dann können wir uns auf ein Geschlecht konzentrieren. In diesem Beispiel wären es Männer. Danach kann eine besondere Form von Trainingsgeräten hinzugezogen werden. Vielleicht ist aber eine Nische auch das Trainieren ohne Geräte. In diesem Beispiel habe ich mich für Kettlebells entschieden. Jetzt könnte man ein Ganzkörpertraining anbieten oder sich

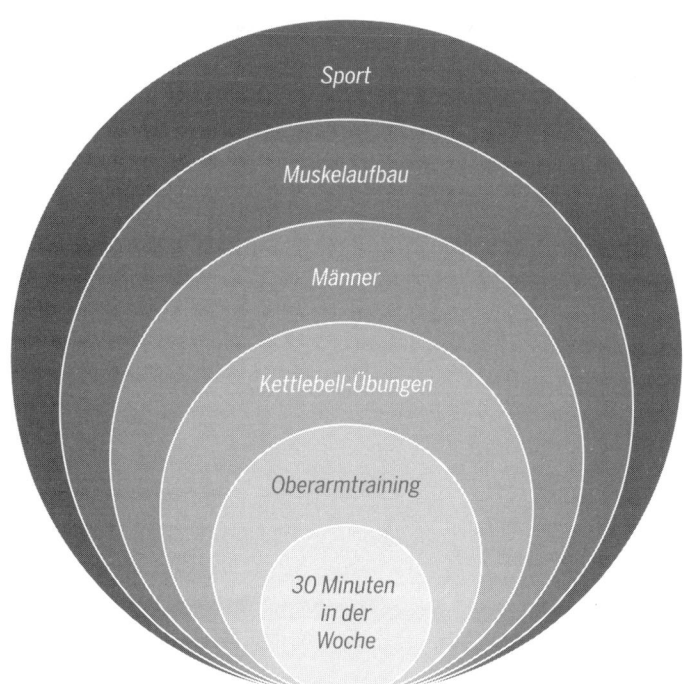

auf spezielle Körperpartien spezialisieren. Hier nehmen wir den Oberarm (Bizeps und Trizeps).

Schön und gut, wenn man als Mann einen ordentlichen Bizeps vorzuweisen hat, aber zehn Stunden Training in der Woche nur für diese Körperpartie sind wohl etwas übertrieben, deshalb nehmen wir die »Abkürzung« und geben an, dass der Zeitaufwand bei lediglich 30 Minuten die Woche liegt. Das hört sich doch nicht so schlecht an. Wenn wir es in 28 Minuten hinbekämen, könnten wir ein Produkt erstellen, das ca. so lautet: »Bizepsverdoppelung – wie Du mit nur vier (!) Minuten Training am Tag Deinen Bizepsumfang mit Kettlebells verdoppelst!« Mit dieser Methode kann man sich praktisch von jedem allgemeinen Thema zu einem Spezialthema nach unten arbeiten und immer spezieller werden. Ein weiteres Beispiel könnte der Bereich Dating sein, wie die folgende Abbildung zeigt.

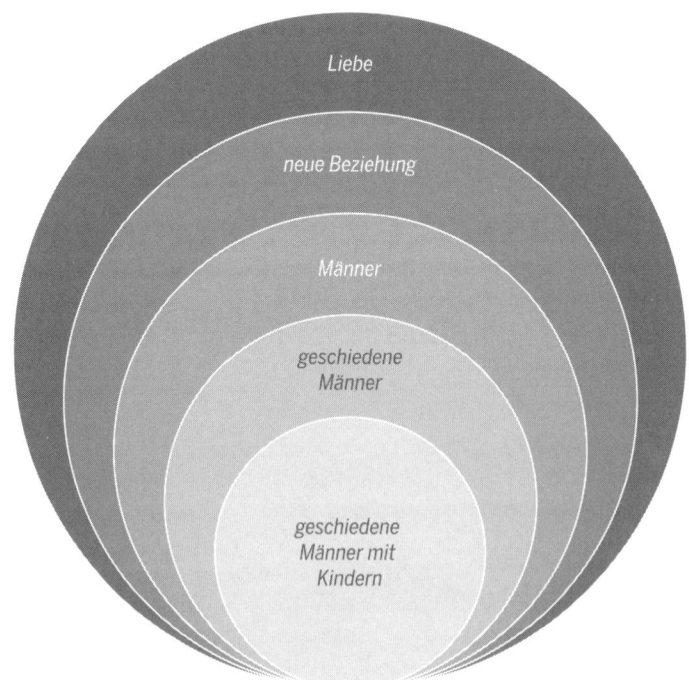

Die Liebe ist natürlich auch ein Bereich, der viel Beratung braucht. Hier könnte man das Thema Dating auf eine spezielle Kundenschicht zuspitzen. Wir leben in einer Zeit, in der beinahe jede zweite Ehe geschieden wird. Der Fokus bei verschiedenen Produkten wird jedoch stark auf Frauen gelegt. Die Männer, die eine Scheidung durchmachen, haben aber ebenso große Herausforderungen zu bewältigen. Wir könnten sogar einen Schritt weiter gehen und uns nur auf Männer fokussieren, die auch Kinder haben. Wir könnten zeigen, wie man Frauen datet und dennoch nicht die eigenen Kinder vernachlässigt. Möglicher Produktname: »Wie Du als geschiedener Mann Deinen zweiten Frühling in der Liebe erleben kannst!«

Auch Kombinationsmöglichkeiten mit dem oben genannten Fitnessbereich könnten sehr gut verkäuflich sein. Aber auch ein Kurs für den männlichen Haushalt kann Sinn ergeben, zum Beispiel in folgender Form: »Mit nur zehn Minuten am Tag zum perfekten Männerhaushalt!«

Schnüffeln wie ein Detektiv

Ist es denn nicht wunderbar, dass wir heute ganz einfach alles recherchieren können? Innerhalb weniger Klicks bekommen wir die Antworten auf so viele Fragen. Natürlich hat dies auch seine Schattenseiten. Viele Menschen verlernen, selbst ihr Hirn anzustrengen, und überlassen dem Internet das Denken. Andere wiederum mutieren zu wahrhaften Pseudoexperten. Jeder von uns hat mindestens einen Bekannten, der – dank des Internets – ein Pseudoexperte im Diagnostizieren von Krankheiten geworden ist. Aber alles in allem ist das Internet ein Segen, wenn es ums Recherchieren von Marktpotenzialen für das eigene Produkt geht.

Bevor man loslegt und das eigene Spezialgebiet absteckt, sollte man jedoch wie ein Redakteur recherchieren. Der Trick, den ich jetzt verrate, ist wirklich simpel, aber höchst effektiv. Er wird Stunden von Recherchearbeit überflüssig machen.

Um zu sehen, ob die eigene Idee überhaupt Potenzial besitzt, lohnt es sich, ein wenig Zeit auf Amazon zu verbringen. Es ist, neben Google Adwords, die beste Suchmaschine. Amazon und Suchmaschine? Wir sprechen hier nicht von einer klassischen Suchmaschine wie Google, sondern von einer Produktsuchmaschine. Auf Amazon kann man nach entsprechenden Bestsellern in der eigenen Nische suchen. Das bedeutet: Mit einem Klick weiß man bereits, welche Themen besonders gefragt sind – und das gilt für jeden Bereich. Wir brauchen nicht einen Euro für teure Marktforschungskampagnen auszugeben oder stundenlang Umfragen zu erstellen. Wenn es in dem eigenen Marktsegment keine Bestseller oder überhaupt Bücher gibt, dann ist entweder das Segment nicht beliebt oder es wurde noch nicht gut genug besetzt. Der schlaue Leser könnte dann erst einmal zu dem Schluss kommen: »Toll, in meinem Bereich gibt es noch gar nichts, dann bin ich der Erste!« Ja, das könnte man denken. Vielleicht ist aber auch einfach überhaupt keine Nachfrage da. Man sollte im Hinterkopf behalten, dass es immer schwieriger ist, einen Markt von Grund an aufzubauen, als in einem bestehenden Markt eine neue Nische zu schaffen. Immer! Der Aufbau eines ganzen Marktes kann sich zwar lohnen, aber das bedarf einiges an Startkapital und Durchhaltevermögen. Deshalb rate ich davon ab.

Ein weiterer Tipp von mir: Zeitschriftenhandel aufsuchen. Je größer die Geschäfte sind, desto besser. Am besten eignen sich Bahnhofs- oder Flughafenkioske. Dort hat man die größte Auswahl an Magazinen und Zeitungen. Es gibt kaum ein Thema, über das es kein Magazin gibt. Es gibt Zeitschriften über verschiedene Sportarten wie Golf, Pferderennen, Tischtennis, Volleyball, Fußball und viele weitere. Außerdem erscheinen unterschiedliche Computerzeitschriften, angefangen von Technik über Software zu Gaming. Aber es gibt auch Handwerkermagazine, Modemagazine im Hinblick auf einen bestimmten Style, Wissenschaftsmagazine, Magazine rund um das Thema Wohnungsdekorationen, Blumenmagazine, Gartenmagazine – und eine unendliche Menge an Lektüre zum

Thema Küche. Es gibt sogar ein eigenes Magazin für Brot oder Männermagazine mit verschiedenen Nischen von Fashion über Business bis hin zu Ernährung. Für Männer dürfen auch Automagazine, unterteilt in klassische und moderne Autos, auf keinen Fall fehlen. Ein Magazin nur für Sportautos, ein Magazin für Jäger etc. Als ich selbst in einem Kiosk stand, konnte ich nicht glauben, dass es sogar eine Zeitschrift nur für Elektroautos und für glutenfreies Essen gibt. Ich könnte noch Hunderte weitere Bereiche aufzählen, über die geschrieben wird, doch ich denke, Du weißt, was ich damit sagen will. Selbst Magazine über Suppen dürften Leser anziehen. Wenn es Leser für diese Magazine gibt, dann gibt es dahinter auch potenzielle Kaufkraft.

In solchen Zeitschriftenläden findet man viel über die eigene Nische heraus. Man kann sich von den Titeln und von den einzelnen Artikeln für das eigene Produkt inspirieren lassen. Natürlich ist das kein Aufruf zum Kopieren, mitnichten. Es ist ein Aufruf, sich damit auseinanderzusetzen. Man kann die Informationen in den Zeitschriften mit den eigenen Erfahrungen abgleichen.

Folgende Fragen können dabei helfen, die Magazine und Artikel professionell zu analysieren:

- Stimme ich mit den Aussagen der Artikel überein?

- Wenn nicht, worin unterscheidet sich meine Meinung?

- Was müsste ergänzt werden?

- Welche Aspekte wurden gar nicht oder unzureichend behandelt?

- Was bedeutet dies für die Praxis?

- Welche Beispiele könnte man noch bringen?

- Welche Analogien und Querverbindungen könnten gemacht werden?

- Was sind meine Erfahrungen dazu?

Außerdem kann man die bestehenden Artikel verwenden, um eigene, verständliche Titel für die eigenen Produkte zu kreieren. Dies ist enorm wichtig, um die Kunden zu überzeugen.

Man muss sich vorstellen, Chefredakteure, Marketingleiter und jeder, der noch bei der Erstellung eines professionellen Magazins beteiligt ist, haben bereits die Vorarbeit für einen Markt, für diese Nische, erledigt. Man muss einfach nur mit offenen Augen durch die Welt gehen und Optionen erkennen, wenn sie sich anbieten.

Für wenige Euros, die man in den Kauf dieser Magazine investiert, kann man viel Geld und Zeit sparen. Ich selbst habe alle Magazine aus meiner Branche abonniert und bekomme sie gemütlich nach Hause geliefert. Erstens ist ein Jahresabo immer günstiger als der Kauf einzelner Ausgaben und zweitens verdiene ich durch die Recherche der abonnierten Zeitschriften Tausende von Euros, indem ich immer auf dem aktuellen Stand der Dinge bin und vieles herauslesen kann, was ich vorher nicht wusste. Dieses Vorgehen ist einfach, aber effektiv – ganz so, wie ich es versprochen hatte.

Die Marktplätze

Es gibt eine Menge toller Möglichkeiten, um mit dem Affiliate-Marketing gutes Geld zu verdienen. Man benötigt natürlich, bevor die oben genannten Strategien in die Realität überführt werden können, sogenannte Affiliate-Programme. Diese findet man auf diversen Marktplätzen. Es gibt einige Plattformen, wo Produktgeber ihre digitalen Produkte für Affiliates zur Verfügung stellen. Ich gebe hier meine drei größten Empfehlungen zum Besten, die ich auch selbst getestet und höchst erfolgreich umgesetzt habe:

- Digistore24 (deutsch)

- Affilicon (deutsch)

- ClickBank (englisch)

Bei allen drei Plattformen kann man sich sowohl als *Vendor* (= Produkthersteller) als auch als *Affiliate* (= Vertriebspartner) anmelden – kostenlos. Die Produkthersteller stellen in den meisten Fällen sogar Werbemittel zur Verfügung, die man Interessenten senden kann, wie vorgefertigte E-Mail-Texte. Oder man bekommt professionell gestaltete Werbebanner, die man auf die jeweilige Homepage einbauen kann, um dadurch auf das empfohlene Produkt aufmerksam zu machen.

Es gibt unterschiedliche Provisionssätze und ich rate meinen Kunden immer, ausschließlich Produkte zu empfehlen, die mindestens 30 Prozent Provision auf den Produktpreis zahlen. Weshalb rate ich dies? Am Ende des Tages soll Geld auf dem Konto meiner Kunden übrig bleiben. Wenn man 30 Prozent Provision erhält, kann man frohen Mutes einen Teil für Werbung ausgeben und dennoch weiterhin gut verdienen. Dies sieht jedoch jeder anders und jeder muss für sich das Optimum herausholen. Aber alles, was unter 30 Prozent bringt, ist schon eine verdammt knappe Kiste. Vertrau mir. Ich habe das selbst getestet.

Wie alle Dinge im Leben hat auch Affiliate-Marketing seine Nachteile. Eines davon ist, dass man immer von den Produktherstellern abhängig ist. Wenn der Produkthersteller sein Produkt vom Markt nimmt oder er die Höhe der Provision ändert, dann muss man diese Veränderungen mittragen, ohne dass man auch nur den geringsten Einfluss darauf haben kann. Der Produktgeber entscheidet, wie das Produkt aussehen soll und welche Inhalte drinstecken. Auch darauf hat eben nur der Produktbesitzer einen direkten Einfluss.

Es gibt eine Menge Erfolgsgeschichten von Menschen, die in Deutschland mit Affiliate-Marketing mittlerweile stabile, fünfstellige Einkommen pro Monat generieren. Der wichtigste Punkt, neben dem Minimum von 30 Prozent Provision ist, dass das Produkt zu uns passen muss. Wenn man sich nicht mit dem Produkt identifiziert, wie soll das dann die entsprechende Community tun? Wenn man selbst nicht überzeugt ist, weshalb sollten das andere Menschen sein? Die eigene Reputation darf niemals, unter wirklich keinen Umständen, aufs Spiel gesetzt werden, nur weil ein anderes Produkt 5 Prozent mehr Provision einbringen könnte. Das kann richtig in die Hose gehen. Der langfristige Imageschaden könnte immens sein und dann kaufen die Menschen plötzlich nichts mehr – und was hat man dann noch von den zusätzlichen 5 Prozent an Provision? Das ist schließlich nicht Sinn der Sache.

Ich selbst betreibe gelegentlich noch Affiliate-Marketing. Dies mache ich ausschließlich für Produkte von Freunden, bei denen ich der Überzeugung bin, dass es Menschen dabei hilft, ein besseres Leben zu leben. Zu Beginn meiner Karriere widmete ich mich jedoch sehr stark dem Affiliate-Marketing, aber nach relativ kurzer Zeit entschied ich mich, eigene Produkte zu erstellen und ein freier Social-Media-Unternehmer zu werden. Die Gründe habe ich weiter oben schon genannt. Bei einem eigenen Produkt habe ich das Sagen. Ich kann bestimmen, wie es aussieht, welche Inhalte behandelt werden und was es kostet. Ich kann einfach freier und unternehmerischer agieren.

Für Affiliate-Marketing braucht man kaum Wissen. Wenn man jedoch ein eigenes Produkt kreiert und auf den Markt bringt, braucht man zusätzliche Fähigkeiten, die man sich unbedingt aneignen muss. Dies ist zwar Arbeit, aber es lohnt sich. Ich zeige hier, wie es im Detail funktioniert. Dies ist der eigentliche Grund, warum ich dieses Buch schreibe.

Unter uns: Das Wissen, das ich den Lesern mit diesem Buch an die Hand gebe, um ein eigenes, digitales Produkt auf den

Markt zu bringen, kostet im Regelfall mehrere Tausend Euro. Ich stelle es so gut wie gratis zur Verfügung. Einzig das Buch muss gekauft und gelesen werden. Das sind sehr gut investierte Euros. Vor allem, wenn man bedenkt, dass hier Wissen vermittelt wird, wie man für eigene Produkte 300, 500 oder sogar 2 000 Euro am Markt verlangen kann. Davon bleiben rund 90 Prozent Gewinn in der eigenen Tasche. Na? Lust bekommen, weiterzulesen?

Vorher habe ich aber, für die, die jetzt immer noch nicht sicher wissen, mit welchem Thema oder welcher Nische sie sich am liebsten beschäftigen möchten, hier noch einige Anregungen, die helfen, bei der eigenen Produktfindung kreativ zu werden:

Social Media	Social-Media-Dienstleistungen für kleine und mittelgroße Unternehmen (KMUs)
Reisen	Reisetipps für (Süd-)Amerika/Bali/ Afrika/Spanien/den Orient – vielleicht sogar gestaffelt nach dem Budget, welches man zur Verfügung hat: »Amerika für unter 1000 Euro« usw.
Fitnesscoaching	Wie Du nach Deiner Schwangerschaft in vier Wochen Deine überschüssigen Pfunde verlierst.
Kochen	Wie Du innerhalb von nur 20 Minuten lernen kannst, lecker vegan zu kochen.
Hunde	Wie Dein Hund innerhalb von nur 24 Stunden stubenrein wird.
Autorencoaching	Meine fünf Tipps, wie Du in nur vier Wochen einen Bestseller schreibst.
Immobilien	Wie Du mit einem Startkapital von null Euro Dein Traumhaus erwirbst.

Reisen	Meine drei geheimen Tipps, wie Du von einem Reiseveranstalter Deine Kreuzfahrt geschenkt bekommst.
Baby	Fünf ultimative Tipps, wie Dein Neugeborenes Dir keine schlaflosen Nächte mehr bereitet.
Gaming	Smarte Game-Hacks! Wie Du jeden Endboss besiegst.
Führungskräfte-coaching	Lerne in sieben einfachen Schritten, wie Du für Deine Mitarbeiter zum charismatischen Super-Chef avancierst.
Karrierecoaching	Leicht umzusetzende Tipps, wie Du jedes Jahr eine Gehaltserhöhung bekommst.
Dating	Wie Du Deinen Traumpartner findest!/ Wie Du Deinen Ex zurückbekommst!
Auswandern	Zehn Dinge, die alle Auswanderer unterschätzen.
Fremdsprachen	Japanisch/Arabisch/Englisch
Körperliches Befinden	Schlafstörungen vermeiden.
Hypnose lernen	In drei einfachen Schritten in die Quantenpause.
Vermögen aufbauen	Fünf einfache Schritte, wie Du Dir ein Vermögen aufbauen kannst. Vielleicht auch nach individuellem Budget aufgeteilt: 0 Euro, 5 000 Euro, 10 000 Euro, 100 000 Euro.
Ängste	Wie Du Deine Angst vor Spinnen innerhalb einer Woche besiegst.
Business	Innerhalb von nur drei Tagen zur eigenen Businessgründung!

Expertenbusiness – Vertrauen Deluxe

Der dänische Physiker und Nobelpreisträger Niels Bohr hat den Expertenstatus griffig erklärt: »Ein Experte ist ein Mensch, der auf einem eng begrenzten Feld alle nur denkbaren Fehler gemacht hat.« Dies ist auch ein Grund dafür, weshalb Expertise nicht von heute auf morgen aufgebaut werden kann, wie ich schon des Öfteren erwähnt habe. Ein Experte ist immer Experte *für* etwas. Er muss somit für etwas stehen, Expertenwissen in einem gewissen Bereich haben, mit dem er sich maßgeblich von der Masse abhebt, *und* er muss diesen Unterschied für die Außenwelt sichtbar machen. Die Kommunikation darüber fassen wir unter den Begriff »Positionierung« zusammen.

Eine gute Positionierung muss mehrere Funktionen erfüllen:

1. Sie muss auffallen,

2. authentisch sein,

3. Versprechen geben,

4. Versprechen einlösen und

5. sie kann nie abgeschlossen werden, muss ständig verfeinert werden.

Ganz schön komplex, wenn man sich dies so ansieht. Vertrauensgewinnung stellt einen Riesenanteil dessen dar. Die meisten Menschen, die ich kennengelernt habe, scheitern am ersten Punkt oder bleiben dort stehen. Nur wenige hangeln sich Stück für Stück zu Punkt fünf vor, der ja per definitionem nie abgeschlossen werden kann.

Die eigene Positionierung muss sich mit der eigenen Persönlichkeit entwickeln, um authentisch bleiben zu können.

Sonst hat man eine gute Positionierung, aber sie passt einfach nicht mehr zur eigenen Persönlichkeit. Man muss beides also langfristig sehen. Der Nachteil dieser Handlungsweise: Dies ist keine Strategie, die von heute auf morgen funktioniert. Das ist eine Langzeitstrategie, die meist über mehrere Jahre ihre volle Durchschlagkraft entfalten kann. Wenn man keine Leidenschaft für das Thema hat, dann geht einem früher oder später die Luft aus.

Dieses Phänomen konnte man gut am Kryptowährungssektor in den letzten Jahren beobachten. Als die Preise für alle Kryptowährungen steil nach oben schossen, gab es jeden Tag neue Experten zum Thema. Nun befinden sich die Kryptos allerdings schon seit einiger Zeit auf Tauchstation, was den Preis betrifft, und schon gibt es auch wieder viel weniger Experten auf dem genannten Sektor. Die wahren Experten melden sich nach wie vor zu Wort und werden auch davon profitieren, wenn der Markt wieder steigt. Es treibt sie nicht der Preis an, sondern das Thema an sich.

Ein anderes Beispiel: Wenn man sich einzig und allein aus dem Grund des eigenen, jugendlichen Alters mit Jungunternehmern auseinandersetzen möchte, dann kann auch das fatal sein. Wir werden schließlich älter und dann passt die Positionierung nicht mehr. Man sollte sich also nicht nur fragen, wer Teil der potenziellen Klientel sein könnte, sondern auch, was die Gründe dafür sind, dass man sich genau mit diesem Themenkomplex auseinandersetzen möchte.

Quick and dirty zum Experten

Um in einem Bereich als glaubwürdig wahrgenommen zu werden, benötigt man Glaubwürdigkeitsindikatoren, wie Timothy Ferriss sie bezeichnet. Im deutschsprachigen Raum denken wir oftmals sehr kompliziert. Die Amerikaner sind da weitaus pragmatischer, wie Ferriss in seinem Buch *Die 4-Stunden-Woche* zeigt, dort gibt er die folgenden Tipps an die Hand:

- Tretet mindestens drei relevanten Verbänden bei, die klingende Namen haben und für die jeweilige Zielgruppe relevant sind.

- Lest mindestens drei Bestseller aus dem jeweiligen Fachgebiet, das ihr für eure Positionierung ausgewählt habt.

- Gebt ein kostenloses Seminar zu dem Thema an der nächstgelegenen Universität oder an einer Fachhochschule.

- Dann versucht Vorträge zu ergattern bei Niederlassungen bekannter Weltkonzerne mit dem Hinweis, dass ihr Mitglied mehrerer Verbände seid und bereits Seminare an Universitäten gehalten habt. Mit etwas Glück könnt ihr dafür schon ein Honorar in Rechnung stellen.

- Danach kommt der Kontakt mit den Medien. Bietet Fachzeitschriften an, Artikel für sie zu verfassen, und verweist auf eure Lehrtätigkeit und die Mitgliedschaft in verschiedenen Verbänden.

Diese Schritte sollten es jedem ermöglichen, immer mehr Medienaufmerksamkeit zu generieren und einen zahlungskräftigen Kundenstamm aufzubauen.

Ferriss' herrlich unbekümmerte Art scheint eine Extremposition zu sein. Man kann es sich zwar zu schwer machen, allerdings aber auch zu leicht, wie ich finde. Viele jagen Zertifikaten hinterher, bevor sie so richtig loslegen. Andere wiederum starten beinahe ohne fachliche Vorkenntnisse. Die Wahrheit wird wohl eher in der Mitte dieser Pole liegen.

Michael Brandtner, Focusing Consultant aus Österreich, geht davon aus, dass ein nachhaltiger Markenaufbau (egal, ob menschlich oder unternehmerisch) bis zu zehn Jahre dauert. Er rät, mindestens eine Stunde am Tag für den eigenen Expertenstatus aufzuwenden. Dazu gehören unter anderem folgende Aktivitäten:

- das Lesen von Büchern oder Fachartikeln,

- Besuche von einschlägigen Seminaren, Workshops oder Studienrichtungen,

- das Weitergeben des eigenen Wissens über die bereits angesprochenen Möglichkeiten.

Eine Stunde am Tag ist auch relativ schnell mit anderen Dingen verplempert. Wenn jemand von meinen Kunden sagt, dass eine Stunde am Tag unmöglich zu schaffen sei, dann rate ich, zu Beginn mit einer halben Stunde den Anfang zu machen. Solange man ins Tun kommt, ist alles in Ordnung. Mit dem Aufbau eines eigenen Expertenstatus kann gar nicht früh genug begonnen werden. Je mehr Geld dann von dieser Seite aus erwirtschaftet wird, desto mehr Zeit kann man sich guten Gewissens für den Ausbau der eigenen Expertise nehmen.

Zehn konkrete Tipps für den Aufbau eines Expertenstatus

Je nachdem, wie genau man den Expertenstatus aufbauen möchte, muss man unterschiedlich viel Geld in die Hand nehmen. Der finanzielle Rahmen kann bei 10 Euro im Monat beginnen, was etwa einem Sachbuch entsprechen würde. Es kann jedoch auch mehrere Hundert oder gar 1000 Euro in Anspruch nehmen, bei Fortbildungen zum Beispiel. Egal, wie viel man ausgeben möchte, der anvisierte Betrag muss auf jeden Fall schriftlich festgehalten werden. Viele Menschen investieren sonst unnötig viel Geld und kennen ihre Limits nicht. Auch hier ist der berühmte Kaufrausch nicht zu unterschätzen: immer noch ein Seminar, noch ein Mentoring, noch ein Coaching, noch ein Zertifikat. Ausgegeben wird zu viel, umgesetzt nur ein Bruchteil davon. Dann kommt man sehr schnell in die Situation, dass Geld schnell erwirtschaftet werden muss – und im Stresszustand begeht man Fehler. Das ist nicht Sinn der Sache.

Zur zeitlichen Ressource muss man sagen, dass parallel zum Aufbau des Expertenstatus kein Geld mit anderen Tätigkeiten verdient werden kann. Wenn man eh nur Fernsehen und damit die eigene Zeit verplempern würde, wäre das kein Problem. Wenn jedoch einem Job nachgegangen wird, dann kann es hier zu einer Einkommensminderung kommen. Denn eine oder zwei nicht gearbeitete Stunden am Tag können am Ende des Monats ganz schön zu Buche schlagen. Somit sollte auch das gewählte Zeitlimit schriftlich festgehalten werden, um nicht aus Versehen über die Stränge zu schlagen.

Hier meine konkreten Vorschläge für den Aufbau einer eigenen Personenmarke:

1. Entwickle eine Idee Deines zukünftigen Expertenstatus. Diese muss nicht detailliert ausgearbeitet sein. Die Details ergeben sich wahrscheinlich erst auf dem Weg. Wichtig ist, ihn überhaupt zu beschreiten.

   Entscheidende Fragen hier: Wo möchte man wie wahrgenommen werden? Welche Produkte oder Services möchte man verkaufen? Mit welcher Plattform möchte man verstärkt arbeiten?

   Wer damit überfordert ist, sollte sich unbedingt externe Hilfe von einem Coach, Mentor oder von Menschen holen, die den Weg schon erfolgreich gegangen sind.

   Gerade die Positionierung ist äußerst wichtig. Wenn man sich »falsch« ausrichtet, kann das für ein aufkeimendes Business gefährlich sein. Ich habe viele Selbstständige gesehen, die hohe Summen ausgegeben haben, bei denen die eigene Karriere dann nach zwei Jahren aber ins Leere lief.

2. Verschaff Dir unbedingt eine Marktübersicht. Wer besetzt welche Themen auf welche Art und Weise? Wie kann man sich sinnvoll unterscheiden? Wie kann man sich positiv abheben? Wie kann man die eigene Persönlichkeit in die Arbeit einfließen lassen?

3. Setze Dir messbare Ziele – das ist enorm wichtig. Was will man mit der eigenen Expertise in zwei, fünf und zehn Jahren erreicht haben:

   • Wie viel Umsatz will erreicht werden?

   • Wie viele Coachings, Onlinekurse etc. sollen verkauft werden?

   • Wie viele Follower möchte man in den sozialen Medien erreichen?

4. Du solltest mindestens eine Stunde am Tag am Auf- und Ausbau Deiner eigenen Expertise arbeiten. Je mehr, desto besser, wenn sich das mit Privat- und Berufsleben vereinbaren lässt. Wenn es zu Beginn nur eine halbe Stunde ist, ist das auch in Ordnung. Dann jedoch sollte man festhalten, ab wann man gerne mehr Zeit dafür erübrigen möchte. Suche nach Möglichkeiten, wie Du diese Zeit nach und nach ausdehnen kannst. Welche Tätigkeiten und Gewohnheiten in Deinem Leben sind kontraproduktiv für Deine (neben)berufliche Selbstständigkeit oder sogar überflüssig? Eliminiere sie so schnell als möglich und fülle die Zeit mit etwas Sinnvollem.

5. Mach deutlich, woher Du Dein Wissen für Dein Expertentum bekommen hast: Bücher, Seminare, Trainings, Coachings, Zeitschriften, Studium, Lehrgang, Mentoren, Coaches etc.
   Wenn noch kein Geld für solche Aktivitäten und Produkte zur Verfügung steht, kann man mit kostenlosen Angeboten wie Blogartikeln, Vlogs oder Podcasts rund um das Thema beginnen. Noch viel wichtiger ist, einen eigenen Blick auf die Themen zu erarbeiten und auszuformulieren. Vielleicht ist es bei angespannter finanzieller Situation auch ratsam, sich Inhalte übers Sparen und Investieren anzueignen, um einen Geldpuffer oder eine Investitionssumme für den Expertenstatus zu schaffen.

6. Zum Aufbau des Expertentums gehört natürlich auch das Thema Sichtbarkeit und andere Randgebiete, die eine Expertise fördern oder ausbauen: Mache Dich also sichtbar! Für die Vermittlung von Wissen sind beispielsweise Kommunikationstrainings, Marketingwissen, Kreativitätstrainings, Wissensmanagement, Geldmanagement, Präsentationstrainings etc. von entscheidender Bedeutung.

7. Beginne so schnell wie möglich damit, eigene Theorien, Perspektiven oder Methoden zu veröffentlichen. Dies kann schriftlich und gedruckt passieren (Blog, Bücher, Zeitschriftenartikel, Interviews etc.) oder auch über Beiträge auf Social-Media-Kanälen. Videos oder Podcasts können ebenso produziert werden – oder eine Kombination aller vorgeschlagenen Möglichkeiten, je nach Lust und Laune.
Wichtig ist, dass Du Dich sichtbar zu einem Themengebiet äußerst und dadurch nach und nach an Bekanntheit zunimmst. Die selbst gewählte Veröffentlichungsvariante muss ein Stück weit Spaß machen. Mir selbst bereitet es einfach viel Freude, Videos zu drehen oder live zu gehen auf Facebook – da ist jeder Jeck anders. Experimentiere herum und hol Dir professionelles Feedback von außen.

8. Hier ist der Punkt, an dem wahres Social-Media-Unternehmertum beginnt:
Fang so schnell wie möglich an, eigene Produkte zu kreieren (z. B. Beratungsstunden, Coachingangebote, Onlinekurse, E-Books etc.), damit Liquidität aufgebaut werden kann, die wiederum in Deinen Expertenstatus (Marketing, Wissens- und Netzwerkaufbau) gesteckt werden kann. Diese Produkte müssen in bestem Wissen und Gewissen kreiert werden und Deinem Zielpublikum von Nutzen sein.

9. Fehler sind erlaubt. Man darf sich den Raum geben, um Fehler zu machen. Das ist keine Schande. Nicht jedes Buch, jeder Onlinekurs oder jedes E-Book verkauft sich gleich gut. Jürgen Drews, der berühmte Schlagersänger, sagte, dass nicht der eine Hit entscheidend sei, sondern die 99 Songs, die den Weg zum Hit ebnen. Wir werden nie DAS perfekte Video machen, in dem wirklich alles passt. Darauf zu warten, wäre dumm.

Das Schöne daran: Der Weg ist nie zu Ende, weil es immer neue Dinge zu lernen gibt. Es gibt immer neue Facetten, und die Positionierung unterliegt einem steten Wandel. Fertig und fest ist sie nie.

10. Meinen wichtigsten Hinweis bringe ich zu guter Letzt: Der Weg zum Unternehmer soll genossen werden! Auch wenn es sich so anhört, als sei dieser Rat schwierig umzusetzen, er trägt sehr viel Weisheit in sich. Was wäre das Leben ohne Genuss? Die Selbstständigkeit ist eine Reise, auf der wir wachsen können. Manchmal wird das Wachstum gehörig an uns rütteln, doch das ist ein gutes Zeichen! Die nächste Ebene der Entwicklung erreicht man eben nicht in der Komfortzone. Wenn einmal wirklich etwas aus den Business-Fugen gerät, muss professionelle Hilfe eingeholt werden.

Angst, den ersten Schritt zu wagen?

Im Laufe der Zeit ist es meinem Bekannten- und Freundeskreis aufgefallen, was ich da tat. Das war ursprünglich auch irgendwie der Plan gewesen, sonst hätte ich wohl keinen guten Job gemacht. Schließlich waren sie ebenfalls auf den sozialen Medien aktiv und ich machte aus meinem Business nie ein Geheimnis. Genau dies ist aber das Grundproblem vieler Menschen: Sie halten sich bedeckt mit dem, was sie tun. Sie arbeiten viel lieber im stillen Kämmerlein dahin und hoffen, dass niemand etwas mitbekommt von ihren geschäftlichen Tätigkeiten. Sie haben zu große Angst vor den Reaktionen ihres Umfeldes.

Die sozialen Medien funktionieren jedoch genau andersherum. Ich bin dort sehr aktiv, um mir einen Namen zu machen. Das setzt Bekanntheit voraus. Hatte ich selbst auch Angst, nach meinen Pleiten wieder zu scheitern? Na klar, aber ich habe mich nicht davon einschüchtern lassen. Ich bin in die volle Sichtbarkeit gegangen, mit dem Risiko, dass das Ganze vollkommen schiefgeht. Daher nun folgende Fragen:

- Wer zahlt die Miete?

- Wer zahlt die Raten für den Haus- oder Konsumkredit?

- Wer bezahlt den Urlaub oder das Auto?

- Wer kauft die Lebensmittel?

Die Antwort wird immer dieselbe sein: wir selbst. Wer denn auch sonst? Außer man hat natürlich Sponsoren, wie Mama und Papa, an der Hand. Doch selbst dann sollte man vielleicht darüber nachdenken, was Freiheit und Selbstverwirklichung für einen bedeuten und ob es vielleicht endlich an der Zeit wäre, ein neues Kapitel im Leben anzufangen. Nachdem Du aber mit großer Wahrscheinlichkeit Deine Rechnungen eh selbst bezahlen musst und eben nicht jemand aus Deinem Umfeld, wird es Zeit, Verantwortung für das eigene Leben zu übernehmen. Es ist völlig egal, was andere von unserem Business halten.

Ich weiß, alle meinen es gut mit uns. Gutgemeinte Ratschläge haben jedoch nicht immer die Wirkung, die wir uns erhoffen. Vielleicht hat das Umfeld Angst, dass Fehler gemacht werden oder man gar am Ende schlechter dasteht als vor der Gründung. Das nennt man Nächstenliebe oder Fürsorge. Diese hat auch ihre Legitimation und es ist doch auch schön, dass es Menschen im eigenen Umfeld gibt, denen man nicht egal ist.

Aber ganz ehrlich? Man kann sich keine Ratschläge von Menschen zu Herzen nehmen, die keine Ahnung von der Materie haben oder nicht bereits in ähnlichen Situationen waren. Und selbst dann sind die Dinge schwer vergleichbar. Oder ist es klug, zum Metzger zu gehen und ihn zu fragen, wie man am besten einen Motor aus einem Auto ausbaut? Wahrscheinlich nicht. Welchen nützlichen Rat könnte uns denn schon ein Metzger geben, was einen Automotor betrifft? Er weiß selbstverständlich über verschiedene Tiere und deren Beschaffenheit Bescheid. Er weiß, wie man am besten das Fleisch verarbeitet, aber den Ausbau eines Motors oder dessen Wartung werden wir uns am ehesten von einem KFZ-Meister erklären lassen, oder? Umgekehrt gilt natürlich dasselbe: Einen KFZ-Mechaniker werde ich nicht zum Thema Fleischzubereitung befragen. Ergibt einfach keinen Sinn.

Und genau so ist es beim Start des eigenen Business. Bekannte, die selbst vielleicht schon seit Jahren angestellt sind, werden, aus Liebe zu uns und aus der Unwissenheit heraus, eher vom Start in die Selbstständigkeit abraten. Das verunsichert im ersten Moment natürlich immens. Viele geben diesem Impuls nach und hören auf ihr Umfeld. Sie schwimmen mit der Masse und möchten ungern falsch liegen. Und genau da kommen wir zum nächsten Punkt: Ich bin überzeugt davon, dass jeder von uns Talente und Erfahrungen hat, die Probleme von anderen Menschen lösen können. Ich fände es äußerst schade, wenn wir unser Wissen nicht der Allgemeinheit zur Verfügung stellen würden. Wenn wir uns nämlich klar darüber werden, in welchen Bereichen wir bereits »weiter« sind als unser Umfeld, dann können wir darauf ein Expertenbusiness aufbauen.

Ratgeber – Praxistipps

Um dem eigenen Expertenstatus auf die Schliche zu kommen, müssen folgende Fragen möglichst eindeutig beantwortet werden. Sie stellen das Fundament dar, auf dem alles andere aufbaut. Je sicherer dieses Fundament ist, desto besser und stabiler wird das Geschäft, das darauf fußen wird.

- Haben Dich Freunde schon einmal zu einem bestimmten Thema nach Rat gefragt?

- Wofür bist Du bekannt in Deinem Umfeld?

- Was sind die ersten Dinge, die man über Dich sagt, wenn Du nicht anwesend bist?

- Womit wirst Du automatisch immer in Verbindung gebracht?

Menschen fragen andere Menschen um Rat, weil sie davon ausgehen, dass ihnen geholfen werden kann. Hast Du auch schon einmal ein Produkt auf Amazon oder irgendwo anders im Netz gekauft, weil die Rezensionen so positiv waren?

Verschiedene Studien zeigen, dass Menschen anderen Menschen vertrauen, wenn es um Produktbewertung geht. Der Wert liegt teilweise bei 90 Prozent und mehr.[14] Dabei müssen wir aber noch im Hinterkopf behalten, dass wir beispielsweise bei Amazon-Rezensionen keine Ahnung haben, wer die Rezensenten sind. Wir wissen nicht, worin sie Experten sind, wir kennen ihre Vorlieben nicht, wir wissen nichts über sie. Wir haben nicht ein einziges Mal mit ihnen gesprochen oder sie überhaupt zu Gesicht bekommen. Dennoch vertrauen über 90 Prozent fremden Menschen bei der Einschätzung verschiedener Produkte. Dieses Vertrauen kann dazu führen, dass wir bestimmte Produkte kaufen oder eben von einem ursprünglichen Kauf absehen. Da geht es teilweise um viel Geld. Früher musste man noch viele Menschen zu ihren Erfahrungen befragen – heute kriegen wir es komfortabel neben der Produktbeschreibung eingeblendet.

Bei einem Expertenstatus kommt hinzu, dass der jeweilige Experte bekannt für seine Expertise ist und sie sogar nachweisen kann, wenn danach verlangt wird. Vielleicht betreibt er Forschungen, schreibt Bücher oder Blogartikel darüber, ist im Fernsehen zu sehen. Es gibt viele verschiedene Wege.

Doch wofür stehst Du?

Vielleicht hast Du mal bei einer Familienfeier, während der Arbeit oder bei Deinen sportlichen Aktivitäten über Dein Hobby und Deine Leidenschaft gesprochen. Vielleicht bist Du von Deinem Umfeld auch schon des Öfteren angesprochen worden auf verschiedene Themen. Wenn Dir jetzt sofort ein paar Situationen in den Sinn kommen, dann ist das ein guter Hinweis für Deine zukünftige Businessausrichtung.

Bei mir persönlich ist es so, dass ich ganz oft darauf angesprochen werde, wie man nebenberuflich ein eigenes Business hochziehen kann. Logisch, denn ich habe dies bereits vorgemacht. Aus meiner Leidenschaft – die sozialen Medien – habe ich Kapital geschlagen. Die Verlockung, ein risikoloses Business hochzuziehen, ist immens. Ich wurde fast schon bei jedem Treffen mit Freunden und Familie darauf angesprochen, ob ich ihnen helfen könne, ein Geschäft hochzuziehen. Nicht nur Bekannte fragten mich um Rat, sondern mehr und mehr auch völlig Fremde in verschiedenen Hotellobbys in ganz Deutschland. Den sozialen Medien sei Dank.

Natürlich habe ich den Personen geholfen, auf ihre Fragen auch Antworten zu finden. Ich half ihnen dabei, lukrative Geschäfte über das Internet aufzubauen. Das Verlockende daran war ja, dass sie nichts Neues lernen mussten. Denn was sie dann anderen über das Internet anboten, konnten sie ja schon aufgrund ihres bestehenden Jobs oder ihres Hobbys. Sie mussten nur noch wissen, wie sie auf sich selbst aufmerksam machen könnten. Mittlerweile hatte ich so viele Anfragen, dass ich es zeitlich nicht mehr schaffte, alle zu bearbeiten. Ich konnte mich ja nicht zweiteilen oder gar zehnteilen. Eine Lösung musste her und diese kam glücklicherweise prompt.

Die amerikanische Antwort

Ich informierte mich ja regelmäßig darüber, was im amerikanischen Raum so passierte, um mich in meinen Fähigkeiten weiterzuentwickeln. Deswegen habe ich irgendwann an einem Webinar, also einer Onlineschulung, teilgenommen, wo es um Zeitmanagement ging. Aus gegebenem Anlass wollte ich lernen, wie ich meine Zeit besser einteilen konnte, um das Bestmögliche aus meiner Zeit herauszuholen. Es waren über 4000 Menschen aus der ganzen Welt zugeschaltet. An dieser Stelle ist es wichtig, zu erwähnen, dass die Amerikaner uns mindestens fünf Jahre im Bereich Business, Marketing und Verkauf voraus sind. Es ist ein wenig so, als würde man in die Glaskugel schauen und die Zukunft sehen. Daher hat es mich immer interessiert, wie der nächste Trend in Europa, speziell in Deutschland, in etwa aussehen könnte.

Das Webinar wurde natürlich auf Englisch gehalten und mein Schulenglisch reichte glücklicherweise dafür aus, um das meiste zu verstehen. Da wir jedoch eine krasse Zeitverschiebung hatten, lief das Webinar hier um ein Uhr nachts, so dass ich ziemliche Konzentrationsschwierigkeiten hatte, überhaupt mitzukommen. Es dauerte fast zwei Stunden, jedoch habe ich dann aufgrund der Müdigkeit nach ca. 90 Minuten aufgegeben und mich schlafen gelegt. Am nächsten Morgen ärgerte ich mich wirklich darüber, dass ich nicht durchgehalten hatte, und suchte mir für die nächste Woche einen weiteren Termin aus, um wieder daran teilzunehmen. Diesmal schaffte ich es, durchzuhalten, auch dank einiger Energydrinks.

Bei diesem Termin waren es sogar über 5000 Teilnehmer weltweit. Das Webinar zeigte uns das Problem auf im Zeitmanagement, gab uns einige wichtige Informationen dazu und schließlich sogar die Lösung dafür, wie wir effektiver mit unserer Zeit umgehen konnten. Nach dem Webinar wurde kein Produkt und keine Dienstleitung verkauft, sondern es wurde jedem Teilnehmer des Webinars angeboten, sich für ein 30-minütiges Gespräch zu bewerben, um zu sehen, wie und ob man jemandem helfen konnte, bessere Ergebnisse mit seiner begrenzten Zeit zu erreichen. Und jetzt kommt's! Ich dachte mir:»Okay, wenn sich von den 5000 Teilnehmern jetzt tatsächlich 500 Menschen entscheiden sollten, sich bei dem Webinarveranstalter zu bewerben, wie soll dieser dieses Kontingent an Gesprächen bearbeiten?« Das wären an die 250 Stunden am Telefon. Wahnsinn – und für mich nicht vorstellbar, wie dies überhaupt bewerkstelligt werden sollte. Ich konnte ja nicht einmal mit 50 Leuten vernünftig arbeiten. Eine Verzehnfachung hielt ich für unmöglich.

Folgende Fragen schwirrten in meinem Kopf:

- Wie will er es anstellen, 500 oder vielleicht sogar mehr Menschen zu beraten?

- Was, wenn sich 1000 Menschen für ein Gespräch anmelden?

- Wie bekommt er das zeittechnisch hin?

- Wie schafft er das mit seiner Motivation?

- Wie viele Kunden wird er für sich gewinnen?

Fragen über Fragen, die sich mir in diesem Moment stellten. Doch wo es viele Fragen gibt, lauern auch schon Antworten. Diese haben mir die Augen geöffnet und mein eigenes Business für immer verändert.

Ich bewarb mich schlussendlich für das im Webinar angepriesene Strategietelefonat. Dafür wurde ein Link zu einer Internetseite im Webinar angezeigt. Dieser Link führte zu einem Onlinefragebogen, den ich beantworten sollte, damit der nette Herr aus den Vereinigten Staaten mehr über mich und mein Business erfahren konnte. Eine gute Idee, denn dann startet das Gespräch nicht bei null und man kann schnell zum Kern der Sachen kommen. Small Talk wird meistens überbewertet. In einem nur 30-minütigen Gespräch ist er sogar hinderlich.

Folgende Fragen durfte ich beantworten:

- Wie heißt Du?

- Woher kommst Du?

- In welcher Branche bist Du momentan tätig?

- Welche persönlichen und beruflichen Ziele hast Du?

- Welches sind Deine derzeit größten beruflichen Herausforderungen?

- Wie viel Budget hast Du, um diese Herausforderungen erfolgreich zu meistern?

Ich beantwortete brav alle Fragen, die auf dem Fragebogen zu finden waren, und drückte auf den Senden-Button. Danach gelangte ich zu einer Seite, auf der ein Onlinekalender angezeigt wurde, in dem ich mir einen freien Platz für ein Telefonat buchen konnte. Ich hatte großes Glück und fand einen passenden Termin. Ich musste aber die Zeitverschiebung bedenken, so dass mein Termin nicht wieder mitten in der Nacht stattfinden würde.

Etwa 48 Stunden später bekam ich einen Anruf von einer netten Dame aus den USA, die auf meine Antworten auf dem oben angesprochenen Formular näher einging. Ich muss an dieser Stelle betonen, dass sie außerordentlich höflich war. Ihre Begeisterung, die sie am anderen Ende der Welt über die Telefonleitung versprühte, steckte mich regelrecht an, so dass eine gute Gesprächsatmosphäre entstand. Sie gab mir das

Gefühl, dass ich in guten Händen sei und wir gemeinsam eine Lösung für mein Zeitmanagementproblem finden würden. Nach ungefähr 40 Minuten einigten wir uns darauf, dass der Coach mich kontaktieren würde. Ich hatte ein fettes Grinsen im Gesicht und ein wirklich gutes Bauchgefühl bei dieser Kooperation. Zuvor werde ihm noch meine Bewerbung vorgelegt, so dass er sich ein Bild von mir machen konnte. Selbst von einem Teamausschuss war die Rede – der Mann kleckerte nicht, er klotzte. Das imponierte mir.

Kleiner Exkurs: Mindset

An dieser Stelle möchte ich etwas zum Thema positives Denken und Begeisterung hervorheben. Stell Dir bitte die folgenden Fragen:

- »Was haben andere Menschen davon, dass es mich gibt?«

- »Wie fühlen sich andere Menschen, nachdem sie mich gesehen oder gesprochen haben? Besser oder schlechter?«

Ich fühlte mich definitiv nach dem Telefonat mit der Dame besser – sie hatte eine so wahnsinnig gute Ausstrahlung und mich einfach mitgerissen. Viele Menschen strahlen eine negative Aura aus. Die Mimik und Gestik, die Stimmlage und das, was man von sich gibt, beeinflussen das Gegenüber stark – und das geht in beide Richtungen.

Ich persönlich habe mir vorgenommen, immer die beste Version von mir selbst zu sein. Dadurch kann ich mein Umfeld mit guter Laune anstecken. Doch Vorsicht! Ich spreche nicht davon, den Pausenclown zu mimen. Nein, ich spreche davon, jedem Menschen immer und ohne Ausnahmen mit Respekt zu begegnen. Ich lege sogar noch eine Schippe drauf: Ich möchte jedem Menschen, dem ich begegne, vor allem positive Impulse mitgeben. Nur so kann ich einen positiven Kreislauf beginnen. Durch die positive Energie, die wir versprühen, halten sich Menschen gerne in unserer Nähe auf. Erfolg, so wie ich ihn verstehe, macht am meisten Spaß, wenn er mit anderen erreicht und geteilt wird. Es ist lediglich eine Einstellungssache, denn alles beginnt im Kopf.

Der Tag kam, an dem der Coach mich anrief und mir zu meiner Entscheidung gratulierte, mich überhaupt beworben zu haben. Wir sprachen vor allem darüber, wie ich mein Zeitmanagement besser koordinieren könne, um bessere Ergebnisse zu erzielen. Die Lösung für meine Probleme begeisterte und verblüffte mich in gleichem Maße, weil sie so einfach war, ich jedoch nie selbst darauf gekommen war. Es ist wie so oft im Leben: Man sieht den Wald vor lauter Bäumen nicht. Man verliert sich im Tagesgeschäft und wird schrittweise betriebsblind. Allein deshalb schon ist es sinnvoll, sich hin und wieder Impulse von außen zu holen.

Der Coach bot mir an, ein Coaching mittels eines speziellen Onlineprogramms durchzuführen. Könnte ja auch nicht anders gehen, nachdem Tausende von Kilometern zwischen uns lagen. Ergänzend zu diesem Programm gab es zusätzliche Skype- oder Telefontermine, um individuelle Fragen zu bearbeiten. Es war ein achtwöchiges Programm, das sich mit dem Thema Zeitmanagement beschäftigte, und kostete 2 000 Dollar! Ich entschied mich dafür

Ja, richtig gelesen! Mir war es 2 000 Dollar wert. Ich habe da nicht ein einziges Mal gedacht, dass der Preis mir zu teuer sei – und weshalb war das so? Weil es ein schmerzhaftes Problem für mich löste. Gleichzeitig war mir klar, dass, wenn ich dieses Problem lösen würde, ich locker 100 000 Euro zusätzlich verdienen könnte. Wer würde schon zu einer Verfünfzigfachung seines Kapitals Nein sagen? Also ich nicht. So gesehen war es also ein mehr als fairer Deal! Mit diesem Wissen im Hinterkopf taten die 2 000 Euro nicht weh. Ganz im Gegenteil – ich freute mich regelrecht darauf, dass meine Probleme gelöst werden würden. Ich zahlte das Geld also gern.

Das Coaching selbst lief folgendermaßen ab: Ich bekam einen Zugang zu einem Onlineportal, auf dem das Training hinterlegt war. Jede Woche wurden Videos freigeschaltet, die zu der Wochenlektion gehörten. Darauf aufbauend wurde jede Woche, zum jeweils passenden Thema über Skype ein Coaching durchgeführt und dies in Gruppen! Das bedeutet, es befanden sich immer 15 bis 25 Teilnehmer in dem Training. Das klärte dann auch die Fragen, die mir vor dem Coaching im Kopf herumgeschwirrt waren, was die Bewältigung der riesigen Teilnehmerzahl betraf. Außerdem hatten wir eine geschlossene Facebook-Gruppe, in der die Teilnehmer sich gegenseitig austauschen und unterstützen konnten. Eine Win-win-Situation für alle Beteiligten.

Das sind die Grundzüge eines funktionierenden Onlinebusiness. Wie Du dieses Wissen für Dich nutzen kannst, zeige ich in den nachfolgenden Kapiteln.

Der Social-Media-Unternehmer

Ich begann, wie im Rausch die Systeme zu studieren. Darüber hinaus fing ich an, mir die erfolgreichsten Unternehmer aus der ganzen Welt anzuschauen, die ebenfalls über das Internet ein lukratives Expertenbusiness aufgebaut hatten. Von wem kann man besser lernen als von denjenigen, die es schon erfolgreich vorgemacht hatten? Das bedeutet nicht, dass ich zum reinen Kopieren von Strategien aufrufe! Aber Teilaspekte können durchaus sinnvoll in die eigene Strategie integriert werden.

Das führt mich an dieser Stelle zu einem enorm wichtigen Punkt: Von anderen zu lernen, halte ich für einen der wichtigsten Erfolgsfaktoren. Oftmals verstellt jedoch unser Neid den objektiven Blick auf die Dinge. Wenn jemand in einem gewissen Sektor gezeigt hat, wie es gehen kann, dann wäre es doch äußerst dämlich, sich von den eigenen Neidgefühlen davon abbringen zu lassen, sich das näher anzusehen. Neid kann positive und negative Seiten haben.

Wenn der eigene Neid dazu genutzt werden kann, um sich zu motivieren, um sich zu verbessern, dann ist er praktisch. Wenn Neid uns jedoch lediglich dazu bringt, dass wir uns schlecht fühlen und andere schlecht machen, dann ist er mehr als kontraproduktiv. Neid ist also nicht per se schlecht, nur wenn er uns in unserer Entwicklung blockiert. Deshalb rate ich meinen Kunden dazu, genau hinzuschauen, wie andere erfolgreich wurden, ohne sie dabei zu kopieren – und vor allem, ohne ihnen den Erfolg zu neiden.

Frage nicht: »Weshalb ist der erfolgreich und ich nicht?« Frag lieber: »Wie hat der das bloß geschafft und was brauche ich, um dies auch zu schaffen?«

Ich studierte also viele Onlinepräsenzen von erfolgreichen Unternehmern, die Art und Weise, wie sie kommunizierten sowie ihren gesamten Social-Media-Auftritt. Ich besuchte viele Seminare, um das Wissen in mich aufzusaugen. Ich war wie auf Droge. Umso geiler war dann das Gefühl, als ich meinen eigenen Fahrplan endlich hatte, meine Schritt-für-Schritt-Anleitung, um aus meinen Erfahrungen und meinen Informationen ein eigenes Expertenbusiness über Social Media aufzubauen.

Es war ein gigantisches Gefühl, dass ich jetzt nicht mehr unbedingt durch die Republik gondeln musste, um Menschen zu helfen, erfolgreicher zu werden. Ich hatte dadurch mehr Zeit für meine Freunde und Familie, vor allem für meine Kinder. Es war ein wirklich befreiendes Gefühl, weil es in dieser Situation nur Gewinner gab – außer vielleicht meinen Mechaniker, da er weniger zu tun hatte, und die Tankstellen, weil ich nicht mehr so viel Benzin verbrauchte.

Ich möchte an dieser Stelle gerne mit einem Mythos aufräumen: Es gibt keine automatische Gelddruckmaschine, die funktioniert, ohne dass wir etwas dafür tun. Wer Dir erzählen will, dass Du automatisch Geld verdienen kannst, ohne auch nur einen Finger krumm zu machen dafür, der lügt Dir ins Gesicht! Auch ich hatte keine automatische Gelddruckmaschine, aber ich konnte dafür sorgen, dass »meine Maschine« Geld abwarf. Ich konnte sie jetzt bedienen. Doch wie jede Maschine braucht auch diese Zuwendung, also Reinigung, Feinjustierung sowie hin und wieder einen guten Fußtritt, damit alles funktioniert. Außerdem lässt man seine Erfahrungen, die man im laufenden Betrieb macht, immer wieder in seine Produkte einfließen. Alles entwickelt sich, nicht nur man selbst, sondern auch die eigenen Programme und Angebote.

Es ist ein großartiges Gefühl, nicht mehr hinter seinen Kunden hinterherlaufen und jeden als neuen Klienten aufnehmen zu müssen. Ab einem gewissen Punkt konnte ich mir die Kunden, mit denen ich nachhaltig arbeiten wollte, selbst aussuchen. So ähnlich, wie das Bewerbungsverfahren, das ich für das Zeitmanagement-Coaching absolvieren musste. Ich konnte mir die Leute aussuchen, mit denen ich arbeiten wollte, weil die Nachfrage nach meinem Coachingprogramm, »Der Social-Media-Unternehmer«, mittlerweile größer war, als ich jemals hätte bedienen können. Ich wollte nur mit Menschen zusammenarbeiten, die richtig Gas gaben, um Schritt für Schritt immer unabhängiger zu werden. Keine Zauderer oder Jammerer, sondern Menschen mit Gestaltungswillen und Feuer unterm Hintern!

Mir wurde die digitale Bude regelrecht eingerannt, als die Menschen mitbekamen, dass sie sich online von mir schulen lassen konnten, ohne den persönlichen Kontakt und Bezug zu mir zu verlieren. Mittlerweile habe ich zwei weitere solcher Premiumprogramme für meine Klienten entwickelt.

1. Das Programm: »Die Social-Media-Kontaktmaschine«, wo ich zeige, wie man über Facebook & Co. Hunderttausende neuer Kontakte für sein Geschäft aufbaut.

2. Das Programm »Sell Like a Boss«, wo ich mich dem Verkaufsprozess widme und eine völlig neue Ära damit einleite. Kein Betteln mehr nach Kunden, keine manipulativen Verkaufstricks, wie sie am Markt gerne gelehrt werden.

In diesem Programm zeige ich, wie man mit einem überaus erfolgreichen System seine Produktumsätze um das Zehnfache steigern kann.

Das Thema dieses Buches ist und bleibt jedoch, wie man ein erfolgreicher Social-Media-Unternehmer wird. Es ist die Basis für die anderen beiden Programme. Wer meinen Anleitungen folgt, kann sich wirklich ein nettes Zusatz- oder sogar Haupteinkommen sichern, das nach oben hin kaum Grenzen kennt. Vorausgesetzt, man investiert Zeit und Motivation. Dann heißt es nur mehr: Dranbleiben und Gas geben.

Weitere Infos zu meinem Coachingangebot und den eben angesprochenen Onlineprogrammen findet man unter www.samer-mohamad.com. Für die Leser meines Buches habe ich sogar ein Geschenk vorbereitet.

DER START – FORMEN DES EXPERTENBUSINESS

Bevor wir gemeinsam tiefer in das Thema eintauchen, möchte ich hier zeigen, dass es grundsätzlich zwei Arten von Expertenbusinesses gibt. Das Prinzip hinter beiden Arten ist dasselbe. Sie unterscheiden sich lediglich in der Strategie. Für mich ist es aber sehr wichtig, dass man das gesamte Drumherum versteht, weshalb ich überhaupt so weit ausholen musste in diesem Buch.

Ich möchte nicht, dass Dinge umgesetzt werden, weil ich es hier aufgeschrieben habe. Jeder soll das System selbst verstehen. So kann einen keiner mehr aufhalten und meine Strategien ganz einfach auf sein eigenes Geschäftsfeld übertragen. Es gibt schließlich genug selbst ernannte Gurus da draußen, die meinen, dass sie die Weisheit mit Löffeln gegessen hätten, und allen erzählen wollen, wie etwas abläuft. Meistens sind es Dinge, die in der Theorie wirklich sehr gut funktionieren, in der Praxis jedoch keinerlei Relevanz haben. Ich jedoch bin ein Mann der Praxis: Ich habe bereits bewiesen, dass es funktioniert.

Aber mein Erfolg hat nicht zwingend etwas mit Deinem Erfolg zu tun. Wenn Du Dein Hirn an der Garderobe einfach abgibst, wirst Du immer abhängig von anderen bleiben. Ich bin kein Guru und brauche keine Anhängerschaft, um glücklich zu sein. Ich bin viel glücklicher, wenn sich jeder selbst Gedanken macht und meine Anleitung für sich passend umsetzt. Je mehr Menschen ich in die Unabhängigkeit helfen kann, desto besser, denn dann hat sich die Mühe, dieses Buch hier zu verfassen, richtig gelohnt.

Kommen wir nun zu den drei verschiedenen Formen des Expertenbusiness.

Expertenbusiness #1:
Informationsprodukte verkaufen

Die Basis hierfür stellt das eigene Leben. Wie ich schon des Öfteren gesagt habe, hat jeder Mensch in einem bestimmten Bereich mehr Erfahrung als die anderen Menschen. Das Spezialwissen kann aus einem Hobby (zum Beispiel Sport) oder aus einem Teilgebiet des eigenen Berufs sein.

Dann gilt es, dieses Wissen in eine digitale Form zu gießen und an die entsprechende Zielgruppe zu verkaufen. Wie wir gelernt haben, gibt es für jeden Bereich eine mehr oder minder große Zielgruppe. Das Wunderbare daran: Man kann das eigene Wissen so oft verkaufen, wie man möchte, und das zu dem Preis, den man für richtig hält. Prinzipiell kann man verlangen, wie viel man will. Nach oben gibt es keine Deckelung. Okay, ich habe ein wenig übertrieben. Man kann natürlich verlangen, was man möchte, die Frage ist jedoch, wie viel die Kunden bereit sind, für dieses Wissen zu zahlen. Was ist ihnen die Lösung ihres Problems wert? Außerdem gibt es natürlich Konkurrenzprodukte am Markt, selbst wenn wir perfekt positioniert sind, gibt es immer Vergleichsgrößen. Je einzigartiger wir jedoch sind, desto schwieriger ist der Vergleich mit anderen. Ein weiterer Vorteil der Positionierung.

Dann spielt natürlich auch das Gebiet, auf dem das Wissen zum Einsatz kommen soll, eine große Rolle. Wenn man beispielsweise als Immobilienmakler seinen Klienten zeigen kann, wie sie mehrere Tausend Euro pro Immobilienkauf oder -verkauf sparen können, kann man automatisch einen höheren Preis für seine Produkte abrufen als für das Wissen einer speziellen Schusstechnik beim Fußball. Doch auch das muss nicht stimmen, wie ich gleich zeigen werde. Denn beim zweiten Fall könnte die Zielgruppe eine größere sein, so dass man einfach mehr Produkte verkaufen kann als im ersten Beispiel. Alles eine Frage der Ausrichtung.

Mit Fußball Geld verdienen

Für mich ist es das beste Geschäftsmodell der Welt. Vor allem deshalb, weil es schnell und kostengünstig umgesetzt werden kann. Es wird kaum Startkapital benötigt. Es gibt mittlerweile Hunderte Erfolgsgeschichten von Menschen, die ein erfolgreiches Informationsprodukt auf den Markt gebracht haben und davon sogar leben können. Und dennoch stehen wir noch völlig am Anfang dieser Entwicklung. Jedes Jahr kommen schließlich neue Teilnehmer auf den Markt, jedes Jahr überschreiten mehr Jugendliche das geschäftsfähige Alter. Dies ist kein Faktor, den man unterschätzen sollte, letztlich sind diese Menschen es seit ihrer Kindheit gewohnt, Dinge digital zu konsumieren. Es ist für sie so normal und natürlich wie uns allen das Atmen.

Von einer Erfolgsstory möchte ich an dieser Stelle gern erzählen. Es geht um meinen Freund Steven. Steven war ein guter Fußballer und sein Traum war es schon von Kindheitstagen an, Profifußballer zu werden. Doch sein Traum platzte wie eine Seifenblase nach einer äußerst schweren Rückenverletzung, die er sich bei einem Revierderby zugezogen hatte. Er konnte zwar weiter Fußball spielen, aber nicht mehr auf dem Leistungsniveau, das für eine Profikarriere notwendig gewesen wäre. Steven war ein begnadeter Freistoßschütze und dafür war er auch in der Bezirksliga bekannt. Er hatte eine überdurchschnittliche Trefferquote nach ruhenden Bällen. Sobald er sich in den Spielen den Ball zurechtlegte, ähnlich wie Ronaldo dies machte, schlotterten die Knie des gegnerischen Torwartes sichtlich. In der gegnerischen Mauer roch man förmlich den Angstschweiß, wenn Steven sich auf den Ball zubewegte. Seine Schusstechnik war einfach atemberaubend.

Eines gemütlichen Abends sprach ich mit Steven, ob er ein besonderes Geheimnis bei seinen Freistößen hätte. Er antwortete mit einem Grinsen im Gesicht, dass er jahrelang die Schusstechnik von Cristiano Ronaldo studiert hatte. Er versuchte, sie ihm nachzumachen, und passte sie gleichzeit an seine eigenen Bedürfnisse an. Natürlich gibt es nur einen Cristiano Ronaldo, aber Steven hatte seine Trefferquote durch ein bestimmtes Training um über 40 Prozent erhöht. Ein Wert, der seinesgleichen sucht. Ich war fasziniert und mir kam natürlich sofort das Thema Expertenbusiness in den Kopf.

Ich holte mein Smartphone aus meiner Jacke und googelte, wie viele Menschen in Deutschland in einem Fußballverein gemeldet waren und wie viele Menschen sich aktiv für das Thema Fußball interessierten. Die Chance war groß, dass sich unter diesen viele Hobbykicker befanden, die sich am Wochenende oder am Abend nach der Arbeit zu einem gemütlichen Spiel trafen. Das könnte genau seine Zielgruppe sein. Ich wurde fündig: Laut der Seite des Deutschen Fußballbundes gibt es bei ihnen über sieben Millionen Mitglieder.[15] Logisch: Es sind nicht alle sieben Millionen tatsächlich aktive Fußballer, aber wenn wir ganz negativ gerechnet von nur 20 Prozent der Mitglieder ausgehen, und das ist wirklich sehr tiefgestapelt, dann haben wir 1,4 Millionen Personen als Zielgruppe. Ein Wahnsinnswert! In jeder Mannschaft gibt es natürlich auch unterschiedliche Freistoßschützen, je nach Freistoßsituation. Das Wissen um die Trainingstechnik wäre somit für die meisten Spieler von Interesse.

Steven war von der Idee fasziniert und wir fingen an, mit seinem Handy einige YouTube-Videos zu drehen und diese dann ebenfalls auf Facebook und Instagram zu setzen. Gleichzeitig bauten wir ein spezielles Online-Coachingprogramm für ihn auf, das unter anderem die folgenden Themen behandelt:

- Steven zeigte, welchen Ball man am besten benutzte.

- Er zeigte, welche Schuhe sich gut eignen, um den perfekten Freistoß zu erzielen.

- Er gab Tipps, wie man sich optimal vorbereitet.

- Er zeigte Schüsse von unterschiedlichen Winkeln des Spielfeldes.

- Er zeigte, wie man die Mauer am besten überwindet oder unter ihr hindurchschießt.

- Im Fitnessstudio empfahl er, welche Übungen zu einem explosionsartigen Anstieg der Schussleistung führen.

Er baute eine kleine Community auf, die lernen wollte, wie man bessere Freistöße erzielte. Die Entwicklung war rasant. Anfangs waren es nur zehn Abonnenten. Doch diese Zahl verzehnfachte sich schnell, so dass er mit 100 Interessenten kommunizierte. Nach kurzer Zeit stieg die Community auf 5 000 Menschen an. Seine Videos wurden unter den Fußballbegeisterten geteilt und die Reichweite nahm dadurch automatisch zu. Sie alle verband ihr Lieblingshobby, das Fußballspiel.

Er bot sein Video über die besondere Freistoßkunst kostenlos an. Dies machte er natürlich, um seiner Zielgruppe zu beweisen, dass er es tatsächlich draufhatte und nicht nur Phrasen drosch. Denn Laberbacken gibt es zuhauf in der digitalen Welt, aber das wissen wir alle nur zu gut. In jedem Fall tat Steven alles, um das Vertrauen aufzubauen. Denn nur so konnte garantiert werden, dass die Kaufbereitschaft seiner Community zunahm. Schlussendlich wurden seine Interessenten auch zu Kunden. Denn Steven bot sein Online-Coachingprogramm für 499 Euro pro Stück an, inklusive eines persönlichen Freistoßtrainings einmal pro Quartal.

Bereits in den ersten 90 Tagen verdiente Steven an die 11 000 Euro mit diesem einen Onlineprodukt. Selbstverständlich machte er dies nur nebenberuflich und bekam weiteres Geld durch seinen eigentlichen Job. Mittlerweile hat er einen sehr guten Managerposten für einen deutschen Autohersteller in Singapur bekommen und betreibt sein Onlinegeschäft nebenberuflich weiter. Demnächst auch auf Englisch, da man hier noch größere Märkte finden kann. Internet sei Dank.

Es gibt jede Menge Storys wie die von Steven, die ich auch in diesem Buch behandeln werde. Mir ist es wirklich wichtig, dass man sieht, was alles möglich ist. Vielleicht ist Dir ja bereits die zündende Idee für das eigene Business gekommen. Es ist tatsächlich so, wie in diesem einen berühmten Slogan einer Autofirma: »Nichts ist unmöglich!«

**Expertenbusiness #2:
Ein System nutzen, um ein bestehendes
Unternehmen zum Wachsen zu bringen**

Bei der ersten Form des Expertenbusiness ging es darum, etwas völlig Neues aufzubauen. Man müsste bei null starten. Aber es gibt ja auch Menschen, die bereits ein bestehendes Business haben und darauf aufbauen möchten und es digitalisieren wollen. Vielleicht hast Du ja bereits ein Start-up oder ein Geschäft, das Du schon seit Jahren erfolgreich führst, und willst dafür mehr Kunden gewinnen, um damit den Umsatz und Gewinn zu steigern.

Auch für diesen Fall ist mein System bestens geeignet. Das bestehende Geschäft soll auf das nächste Level gebracht werden? Den Umsatz in ungeahnte Höhen katapultieren? Dann kommen jetzt die Antworten auf alle Fragen. Ich zeige hier, ohne viel Umschweife, wie man mehr Kunden auf sein Business aufmerksam machen und sie zu Käufern der eigenen Dienstleistungen oder Produkte machen kann.

Man kann das von mir vorgestellte System nutzen, um mehr Kunden zu gewinnen. Im Kern geht es genau darum beim Bestreiten eines jeden Business: um Neukundengenerierung. Ohne neue Kunden, kein Umsatz. Ohne Umsatz, kein Cash und ohne Cash können ab einem gewissen Zeitpunkt keine Rechnungen mehr bezahlt werden, wie es mir bereits zweimal erfolgreich ergangen ist. Dann gerät man ganz schnell in eine finanzielle Schieflage. Man baut mit diesem System nicht nur eine Neukundenmaschine auf, sondern gleichzeitig macht man die individuelle Qualität sichtbar. Ich spreche davon, dass früher oder später andere Unternehmer aufmerksam werden, weil das System dementsprechend erfolgreiche Anwendung findet. Sie werden sehen, dass es funktioniert, und um fachlichen Rat fragen.

Der Gedanke, einen völlig neuen Einkommenszweig neben dem bestehenden Business aufzubauen, ist gar nicht so abwegig. Ich habe dies selbst Dutzende Male bei meinen Kunden gesehen. Das heißt, das Wissen, das Du von mir bekommst, kannst Du nicht nur für Dich, sondern ebenfalls für Leute aus Deiner Branche zur Anwendung bringen. Weshalb sollte man da kein Geld für verlangen?

Sehen wir uns dies anhand eines Beispiels an: Ein Bäcker, hat seinen Beruf von der Pike auf gelernt. Die Bäckerei läuft super, weil die Backwaren einfach lecker schmecken und der Chef ein guter Geschäftsmann ist. Die Semmeln verkaufen sich wortwörtlich wie warme Semmeln. Der angebotene Service ist ebenfalls spitze, so dass die Menschen gerne in die Bäckerei kommen. Sogar nahegelegene Firmen werden mit leckeren Frühstücksbrötchen beliefert.

Doch der Brot-/Brötchenmarkt hat sich in den letzten Jahren enorm verändert und verändert sich auch weiterhin. Die neuen Herausforderungen haben den Namen »Backfactory« oder »Backwerk«, aber auch McCafés sind eine ernstzunehmende Konkurrenz. Kleine Bäckereien sterben aus, weil sie sich gegen diese Riesenmächte und Billiganbieter immer weniger durchsetzen können. Natürlich kann eine kleine Bäckerei diese großen Franchiseunternehmen nicht einfach kopieren. Diese Masse ist nicht zu produzieren und der Preiskampf ist damit von vornherein verloren. Wie kann es also sein, dass die Bäckerei weiterhin erfolgreich am Markt ist und ihre Stellung verteidigt oder gar expandiert? Macht sie etwas anders als all die anderen? Wie kann es sonst sein, dass der Rubel rollt, obwohl sie nicht Teil einer Franchisekette geworden ist? Da gibt's doch ein Geheimnis, oder? Mal ehrlich! Natürlich, Erfolg ist schließlich kein Glück.

Nun stelle man sich vor, die Bäckerei teilt genau dieses Geheimnis mit anderen Besitzern von Bäckereien und die würden fürstlich dafür bezahlen. Würde man es machen? Ja, warum denn auch nicht? Hier zumindest zwei Gründe, weshalb man es tun sollte:

1. Die Bäckerei generiert eh schon sehr gutes Geld und so kann nach Feierabend noch zusätzliches Geld über den Laptop oder das Smartphone erwirtschaftet werden.

2. Was aber noch viel wichtiger ist als der erste Punkt: Das hilft der gesamten Bäckereibranche!

Jetzt denkt man sich wahrscheinlich: »Wieso sollte ich für ein paar Tausend Euro meine eigene Konkurrenz züchten?« Diese Frage ist mehr als berechtigt, ich würde sie mir selbst auch stellen. Als Bäcker hätte ich ungern weitere Bäckereien in meinem näheren Umfeld. Aber ich schlage dann vor, sich auf andere Städte zu konzentrieren. Einen Radius festlegen, der einem selbst genehm ist, wo keine Konkurrenzgefahr für das eigene Business besteht. Wenn man in Hamburg eine gut laufende Bäckerei hat und anderen Bäckereien in Frankfurt bei ihrer Umsatzsteigerung hilft, wen juckt das? Ist das wirklich Konkurrenz?

Ich kann mir kaum vorstellen, dass jemand aus Frankfurt seine Brötchen in Hamburg holt. Man kann sich also beim Marketing für die eigene Bäckerei auf einen Radius von 20 Kilometern konzentrieren. Den Rest Deutschlands kann man dann mit gutem Gewissen beraten, so dass der Kuchen für alle größer wird, um mal im Bild zu bleiben.

Man muss auch kein Bäckermeister sein, um anderen Bäckern zu helfen. Man muss auch keine gut laufende Bäckerei haben, um als Coach zu arbeiten. Man muss nur das Problem von anderen Menschen lösen können. Vielleicht ja mit einer Social-Media-Affinität, um damit anderen Bäckereien dabei zu helfen, die bekannteste Bäckerei in ihrer Stadt zu werden und somit gratis Kunden zu erreichen. Es funktioniert fast bei jedem Business. Da darf man ruhig kreativ sein!

Deine Leidenschaft – Dein Produkt

Im ersten Fall hat man bereits eine Leidenschaft, der man frönt, wie mein Freund Steven und seine geliebten Freistoßtricks. Im zweiten Fall hat man sogar schon ein bestehendes Business und möchte mit dem spezifischen Wissen, was das eigene Unternehmen so wertvoll macht, Zusatzerträge generieren.

Was macht man nun aber, wenn man keine Idee, geschweige denn ein funktionierendes Business hat? Das ist wohl für viele Leser der »Super-GAU«. Doch nicht verzagen, ich werde in den folgenden Kapiteln zeigen, wie man seiner Leidenschaft auf die Schliche kommt und sie anschließend professionell aufbereitet.

Aber wie findet man nun seine Leidenschaft, die man in ein grandioses Online-Premiumprogramm beziehungsweise in ein Coaching umsetzen kann? Diese Frage hört sich so richtig »groß« an, oder? Damit meine ich, dass sich viele Menschen davon überfordert fühlen. Zumindest im ersten Moment. Dabei ist es eigentlich ganz einfach. Nur wenige Menschen bezeichnen das, was sie tun, als Leidenschaft, weil es für sie so normal wie das Atmen ist. Steven geht auf den Fußballplatz, weil er es einfach liebt. Ein anderer Freund von mir sammelt jede Briefmarke, die er aus allen Winkeln der Erde zusammenkratzt. Er kennt beinahe von jeder den aktuellen Marktwert und die spezifische Geschichte dazu. Es ist für ihn so natürlich wie essen und schlafen. Würdest Du essen und schlafen als Deine Leidenschaft bezeichnen? Also ich nicht. Erst das genauere Hinsehen, Hinterfragen und Vergleichen mit anderen macht uns sicher, dass das, was wir tun, tatsächlich eine Leidenschaft ist.

Jeder Mensch hat etwas, was er gerne tut. Viel lieber als alles andere auf der Welt. Was ist es bei Dir? Was tust Du gerne, ohne dafür bezahlt zu werden? Was in Deinem Leben würdest Du noch tun, wenn Du keinen müden Cent dafür bekommen würdest?

Mit Leidenschaft und Geld ist es so eine Sache. Es war auch vorher kaum möglich, mit seiner Passion Geld zu verdienen. Man denke nur an die ganzen Künstler, die bettelarm verstarben, um dann vielleicht erst Jahrhunderte nach ihrem Tod geehrt und verehrt zu werden – wenn überhaupt. Sportler oder Musiker sind da eine riesige Ausnahme. Doch die Zeiten haben sich verändert. Jeder, und ich wiederhole mich an dieser Stelle gerne, jeder kann mit seiner Leidenschaft richtig gutes Geld verdienen, wenn er es korrekt anstellt. Und genau dafür ist mein Buch da.

Mit welchen Themen genau will man sich positionieren und in Verbindung gebracht werden? Logischerweise mit Sachen, die man liebt. Alles andere wäre höchst unvernünftig. Natürlich kann man auch mit Sachen Geld verdienen, für die man sich nicht brennend interessiert. Aber wird man dadurch wirklich glücklich? Für mich gehören Erfolg und Glück einfach zusammen. Mir machte Verkaufen immer Spaß, weshalb meine Expertise auch auf diesem Fachgebiet liegt. Wenn einem Sachen Spaß machen, quält man sich einfach lieber dafür. Klingt das komisch? Ja, schon ein wenig, das gebe ich zu.

Wenn man besser werden will, auch in den Bereichen, in denen man bereits sehr gut ist, muss man sich manchmal einfach besonders anstrengen. Uns wird nichts geschenkt. Und jetzt frage ich: Wann fällt es uns leichter, diese zusätzliche Anstrengung auf uns zu nehmen? Wenn man sich für ein Themengebiet interessiert oder wenn man es aus rein monetären Überlegungen heraus macht? Ich denke, das ist einer der Hauptgründe, weshalb so viele Menschen scheitern. Sie denken in erster Linie an den schnöden Mammon und erhoffen sich daraus das Glück. In Wahrheit ist es genau umgekehrt. Zuerst die Leidenschaft, dann der Mammon.

Ich versuche das nun, ein wenig aus Dir herauszukitzeln: Wenn Du morgens die Augen aufmachst, was würdest Du am liebsten nach dem Frühstück tun? Was ist die eine Sache, bei der tatsächlich die Zeit regelrecht im Flug verfliegt? Nimm Dir Zettel und Stift und schreibe auf, was Dir in Deinem Leben Freude bereitet. Dann schreib auf, mit welchen Themen Du Dich die letzten zehn Jahre freiwillig sowie unfreiwillig beschäftigt hast.

Warum beleuchte ich auch negative Aspekte des Lebens mit den unfreiwilligen Themen? Nun, es gibt sicherlich Momente in jedem Leben, in denen man sich mit Dingen beschäftigen muss, die man nicht so gerne getan hat. Sei es in der Schule oder im Beruf. Es gab in der Schule immer Fächer, die einem lagen, und Fächer, die einem eben nicht so lagen, für die man einfach mehr tun musste, aber eigentlich gar nicht wollte. Was lernt man daraus?

Ein Freund von mir hasste Mathematik und wurde einfach wirklich sehr gut im Schummeln. Heute könnte er einen Onlinekurs entwickeln, wie man richtig schummelt. Das Lustige daran war jedoch, dass er sich aufgrund der Vorbereitung auf die Schummelei die mathematischen Formeln tatsächlich eingeprägt hatte. Eine neue, kreative Form des Lernens. Damit könnte man durchaus Geld verdienen.

Was ich damit sagen möchte: Auch und vor allem die negativen Seiten in unserem Leben bieten ungemeine Weiterentwicklungsmöglichkeiten. Wir müssen nur richtig hinschauen und sie finden. Warum dann daraus nicht Geld machen? Absolut legitim, finde ich, oder? Gut, dass wir uns in diesem Punkt einig sind!

Zurück zu Deiner Leidenschaft: Schreibe Dir wirklich die Sachen auf! Dies muss nicht alles auf einmal geschehen. Lass Dir ruhig Zeit mit der Liste. Beobachte Dich doch in den folgenden Tagen selbst, wie Dein Tagesablauf ist und welchen Aspekten Du viel Zeit widmest.

Auch ich habe das vorliegende Buch nicht innerhalb weniger Wochen geschrieben, sondern ein paar Wochen auf die Seite gelegt, um es dann nochmals mit einer anderen Perspektive zu überarbeiten. Genauso wird es bei Dir sein. Wenn Du Dir Zeit lässt und Dich in Ruhe beobachtest, wirst Du neue Erkenntnisse über Dich sammeln. Ich reite deshalb auf dem Zeitfaktor herum, weil die eigene Leidenschaft die unumstößliche Basis für ein erfolgreiches Business ist. Hier vorschnell und unüberlegt zu handeln, könnte schnell ins Verderben führen. In der Ruhe liegt die Kraft!

Geld ist unwichtig

Jetzt könnte man denken: »Was? Hat der Typ nicht das ganze Buch darüber gefaselt, wie wichtig es ist, Geld zu verdienen, und jetzt kommt er mit so einer Überschrift daher?« Gut aufgepasst! Ich bleibe auch dabei; dennoch ist Geld in unterschiedlichen Phasen des eigenen Business unterschiedlich wichtig. Gerade am Anfang, während der allerersten Schritte, muss es in den Hintergrund, um später korrekt eingeordnet werden zu können.

Ich hoffe, dass Du nach dem letzten Kapitel zahlreiche Leidenschaften von Dir entdecken konntest. Je mehr, desto besser. Aus allen lässt sich Kapital schlagen, doch dieser Punkt ist gerade überhaupt nicht wichtig. Das Einzige, was jetzt zählt, ist, dass Du ergebnisorientiert denkst, ohne dabei in Geldeinheiten zu denken. Was bedeutet das genau?

Klar, wir alle wollen Geld verdienen und es ist möglich, jedoch sollte nicht das Geld in den Vordergrund rücken. Man muss sich darauf fokussieren, welche positiven Effekte man bei anderen Menschen mit dem eigenen Wissen, mit den eigenen Produkten erzielen kann. Schließlich hilft man anderen Menschen dabei, ein großes Problem zu lösen. Vielleicht hilft man ihnen beim Abnehmen, vielleicht beim gesünderen Kochen für sich und die Familie, dabei, ihre Ehe zu retten oder mehr Geld am Ende des Monats auf dem Konto zu haben. Die Möglichkeiten sind unendlich. Egal, wie wir uns ins Leben unserer Kunden einbringen, wir können einen gravierenden Unterschied für deren Lebensqualität bedeuten.

Wir sind plötzlich ein wichtiger Teil ihres Lebens. Egal, ob Onlineprogramm oder Einzelcoachings, es wird sie positiv verändern und es ist ein grandioses Gefühl für alle Beteiligten. Freu Dich darauf und entwickle Deine Programme genau mit diesem Bild vor Augen. Dann kann Dich nichts mehr aufhalten! Und wenn da noch ein paar schöne Euros abfallen, wird es ein wahres Feuerwerk. Konzentriere Dich also bei Deiner Leidenschaft darauf, wie Du ein anderes Leben verbessern kannst. Vielleicht warst Du schon immer ziemlich gut im Lernen. Für das Abitur oder universitäre Prüfungen. Vielleicht hast Du eine spezielle Technik oder ein Lernsystem für Dich entwickelt, mit dem Du Deine guten Noten geschrieben hast, ohne dafür nächtelang mit vielen Litern Kaffee Zeit verbringen zu müssen. Vielleicht bist Du aber auch eine Mutter von mehreren »Schreibabys«, die einfach nicht allein schlafen wollten. Mit welchen Techniken hast Du es geschafft, die Kinder in ihr eigenes Bettchen zu bekommen? Glaub mir, Millionen von Jungmüttern würden alles für ein paar Stunden Schlaf und Entspannung geben! Die Zielgruppe für ein »Zwanglos-Baby-Schlafprogramm« wäre riesig. Denk daran, wie viel Stress Du mit Deinen Techniken lindern könntest.

Viele meiner Kunden begehen den Fehler und glauben, dass sie über kein spezielles Wissen verfügen. Wenn es so wäre, gäbe es wohl keine ausgebuchten Kurse für Senioren an den Volkshochschulen darüber, wie man mit einem Smartphone umgeht. Jeder von uns kann und weiß besondere Dinge und, ja, es ist okay, dafür Geld zu nehmen. Es ist nichts Schlechtes, sich dafür bezahlen zu lassen. Man kann es auch von dieser Warte aus sehen: Je mehr Geld wir verdienen, desto mehr Zeit können wir unseren Lieblingsthemen widmen und so noch mehr Menschen glücklich machen. Ein wunderschöner Gedanke, nicht wahr?

Worauf wartest Du also noch? Starte! Jetzt! Finde Deine Leidenschaft, leg das Buch zur Seite, lass Dir genügend Zeit dabei und dann fangen wir mit der Entwicklung Deines Produktes an. Ich freue mich!

Wie Du Dein Coachingpaket entwickelst

Nun haben wir uns ausgiebig mit unseren Fähigkeiten und Leidenschaften beschäftigt. Du weißt nun, was Dir Spaß macht. Ist es nicht ein gutes Gefühl, zu wissen, dass Deine Wünsche und Träume bald Realität werden?

Ich hatte Dich ja schon darum gebeten, Dir vorzustellen, wie Deine Klienten sich freuen, dass ihre Probleme endlich gelöst werden. Das ist eine wichtige Motivationsform. Aber doppelt hält nun mal besser, deshalb geh zum Autohändler Deines Vertrauens und sieh Dir die Marken an, die Dir zusagen. Wenn das Porsche sein sollte, dann gehst Du in den entsprechenden Laden und lässt Dich beraten. Spezielle Kataloge sind da auch nicht verkehrt. So kannst Du immer wieder genüsslich in ihnen blättern und Dir Energie holen.

Im Gegensatz zu vielen anderen Autoren sehe ich kein Problem darin, wenn man sich auch von materiellen Anreizen motivieren lässt, solange die eigentliche Basis der Motivation die Wirkung bei den eigenen Kunden ist. Stellen wir uns vor, wir würden auf einer Kutsche sitzen. Was wäre da besser? Ein Pferd oder zwei, die uns anziehen und uns voranbringen? Diese beiden Motivationsebenen zusammen werden Dein Durchhaltevermögen stärken, während andere schon aufgeben. Je mehr Punkte wir haben, die uns antreiben, desto weniger werden wir aufgeben wollen.

Kommen wir nun zum Kern der Sache: Wie entwickelt man seine Premium-Coachinggebiete? Es kommt darauf an, in welchen Bereich wir unterwegs sein wollen und vor allem wie wir unser Wissen weitergeben möchten. Es gibt nur zwei Formen, wie man sein optimales Premiumpaket entwickelt und auf die Straße bringt:

- Coaching & Beratung

- Dienstleistung

Coaching & Beratung

Eine der brennendsten Fragen ist immer: »Wie schafft man es, Zeit gegen Geld einzutauschen?« Noch brennender ist jedoch die Frage: »Wie schaffst man es, Zeit gegen VIEL Geld einzutauschen?« Wie ich schon mehrere Male geschrieben habe, ist Zeit einfach die wertvollste Ressource, die wir zur Verfügung haben, weil wir sie nicht beliebig vermehren können.

Geld kann man glücklicherweise vermehren, indem man seine Preise erhöht oder eben mehr arbeitet. Allerdings geht dies wieder vom eigenen Zeitkonto ab. Es ist also von immenser Wichtigkeit, zu wissen, wie man mit den eigenen Zeitressourcen möglichst schonend umgeht und dennoch damit Geld verdienen kann. Je mehr Geld wir mit dem gleichen Zeiteinsatz verdienen, desto mehr Zeit wird uns schlussendlich zur Verfügung stehen. Simple Arithmetik.

Neben Zeit und Geld gibt es noch eine weitere wichtige Ressource, mit der wir arbeiten können: Wissen ist eines der wenigen Elemente, das mehr wird, wenn wir es teilen. Wir machen davon Gebrauch, indem wir unser Wissen in Videoform bringen. Mit den daraus entstandenen Videos gestalten wir ein achtwöchiges Programm und bieten es zum Verkauf an. Für die Aufnahmen kann man sich eine eigene Kamera besorgen, doch ist dies gar nicht unbedingt notwendig. Am Anfang reicht auch ein Smartphone völlig aus. Mittlerweile sind Handyvideos wirklich qualitativ hochwertig.

Obwohl es ein Onlinevideokurs wird, spielt die Bildqualität interessanterweise gar nicht so eine große Rolle. Viel wichtiger ist, dass der Ton klar und deutlich ist. Wir wollen schließlich gut gehört und verstanden werden. Immerhin wird das Wissen mit der Sprache übertragen. Wir kümmern uns also vor allem um eine ausreichende Klangqualität. Dafür sollte man die Aufnahmen in einem kleinen Raum machen, der wenig hallt. Außerdem setzen wir uns nicht allzu weit vom Aufnahmegerät entfernt hin oder kaufen ein externes Mikrofon. Ton ist King!

Wir nehmen nun die einzelnen Lektionen auf, die wir in Module zusammenfassen. Ich gebe dafür ein Beispiel anhand meines Programms »Sell Like a Boss«. Ich habe ja versprochen, dass ich möglichst viel Mehrwert in diesem Buch liefere, und mit dem Aufbau eines meiner Onlineprogramme löse ich mein Versprechen ein. Ich gewähre einen Einblick, der normalerweise mehrere Hundert Euro kostet. Es ist das Herzstück meines Onlineprogramms. In diesem Programm geht es darum, dass man lernt, wie man auf Facebook & Co. zu einer Verkaufsmaschine wird und nie wieder einen Mangel an neuen Kontakten für sein Business hat. Es ist eines meiner besten Programme. Ich habe so viel Herzblut da reingesteckt und meine ganzen Erfahrungen der letzten Jahre so aufbereitet, dass jeder die Strategien ebenso für sich nutzen kann. Wer damit durch ist, der muss sich nie wieder über mangelnden Umsatz Gedanken machen.

Dieses Premiumprogramm ist wie folgt aufgebaut:

Woche 1 – Einstieg

- Der Grundstein für den Erfolg.

- Mindset eines Verkäufers.

- Zielgruppe kennenlernen.

Woche 2 – Technik aufsetzen

- Website.

- Bewerberformular.

- Angebot bestimmen.

- …

Woche 3 – Facebook-Gruppe

- Titelbild.

- Video.

- Content.

- …

Ich denke, daran erkennt man relativ leicht, wie die Struktur in etwa aussehen soll und kann. Weitere Infos über mein Onlineprogramm »Sell like a boss« kann man auf meiner Website finden. Man sollte also an dieser Stelle darüber nachdenken, wie man sein Wissen so strukturieren kann, dass es auf acht Wochen aufteilbar ist. Die Kunden sollen portionsweise das Wissen konsumieren können.

Diese acht Module können in einem Membership-Bereich hochgeladen werden. Der Membership-Bereich ist eine Plattform, auf die der Kunde mit einer E-Mail-Adresse und einem Passwort jederzeit vom Laptop, Tablet oder Smartphone – Internetempfang natürlich vorausgesetzt – auf dieses Wissen zugreifen kann. Zusätzlich sollte zu dem jeweiligen Modul jede Woche ein Coaching-Call stattfinden, und das innerhalb der Fangruppe, die über Facebook aufgebaut wurde. Dieses

Vorgehen ermöglicht es, eine Menge Zeit zu sparen, weil statt Einzelcoachings einfach Gruppencoachings durchgeführt werden, am besten mit acht bis zwölf Personen. So verzwölffacht man den eigenen Output, ohne dass die Qualität der Arbeit darunter leidet, weil eh meistens die gleichen Fragen gestellt werden. Das nenne ich Zeitersparnis. Mit der jeweiligen Gruppe können dann via Telefon – optimal wären Skype oder Zoom – zu bestimmten Terminen die jeweils abgearbeiteten Module tiefergehend bearbeitet werden.

Dieses Vorgehen hat nicht nur den Vorteil, dass man enorm viel Zeit spart, sondern auch, dass die Kunden mit uns in Kontakt treten können. Sie werden mit dem Content nicht einfach allein gelassen, sondern ich persönlich greife ihnen unter die Arme. Sie lernen mich und meine Arbeit einfach besser kennen.

Für die Teilnehmer gibt es noch weitere Vorteile: Sie müssen nicht irgendwo hinreisen, denn auch sie sparen Geld und Zeit, indem sie arbeiten können, wo sie wollen. Kein Sprit, keine Hotelkosten oder Ähnliches müssen bezahlt werden. Wenn sie von ihrer Couch aus arbeiten möchten, dann können sie das tun. Wie schon ein paar Mal erwähnt: Die digitalen Möglichkeiten der Gegenwart sind fantastisch!

Vor nicht allzu langer Zeit mussten wir, wenn wir Informationen transportieren wollten, unsere Körper transportieren. Dies ist nicht mehr der Fall. Es gibt natürlich schon Argumente für Gruppentrainings, bei denen man sich physisch trifft. Die Kommunikation ist nun mal anders, wenn wir uns gegenüberstehen, es können gemeinsame Übungen durchgeführt werden und vieles mehr. Aber es ist eben nicht bei allen Themen notwendig. Wenn Du jedoch meinst, dass dies für das Lernen Deiner Inhalte unabdingbar ist, dass man sich trifft, dann kombiniere doch die Online- mit der Offlinewelt. Biete zusätzlich zu Deinem Onlinetraining Workshops in den größten Städten Deutschlands an. Niemand hindert dich daran.

Zurück zum Onlinecoaching und dessen Durchführung. Falls jemand zu den Liveterminen der Gruppencoachings keine Zeit hat, stellt dies keine Probleme dar. Er bekommt in seinem Mitgliederbereich eine Aufzeichnung davon und kann es nachbearbeiten.

Vielleicht fragt man sich jetzt: »Weshalb soll es eigentlich ein achtwöchiges Programm sein?« Muss es gar nicht. Man kann auch sechs Wochen daraus machen. Man sollte aber immer bedenken, dass man bei einem achtwöchigen Programm einfach viel mehr Content bereitstellen und die Kunden zusätzlich an sich binden kann. Es gibt auch Trainer und Coaches, die sogar ein 365-Tage-Programm anbieten, in dem sie jeden Tag Content liefern. Oder ein 52-Wochen-Programm, in dem sie jede Woche ein Video freischalten zu einem gewissen Thema. Es liegt in unserem Ermessen, in welcher Form und in welcher Länge wir unser Wissen überliefern möchten. Schlussendlich müssen wir ein herausragendes Ergebnis erreichen. Wenn wir dies mit 52 Videolektionen, übers Jahr verteilt, erreichen, ist das genauso in Ordnung, wie wenn wir lediglich acht Wochen dafür benötigen.

Folgende Frage sollte uns dabei immer begleiten: »Erreichen die Teilnehmer mit mir und meinem Premiumprodukt in der vorgegebenen Zeit ihr Ziel?« Wenn die Antwort »Ja« lautet, dann kannst Du machen, was Du willst.

Wenn wir das Beispiel mit dem Baby-Einschlafprogramm nehmen, dann reicht es manchmal auch, ein fünftägiges Programm zu erstellen. Der Titel für solch ein Programm könnte sein: »Endlich Ruhe – Wie Ihr Baby in nur fünf Tagen mit diesen fünf einfachen Tricks jede Nacht durchschläft«. Es ist ein wichtiges Thema, weil es massive Probleme Deiner Kunden löst.

Wenn wir es geschafft haben, eine Personenmarke aufzubauen in diesem Sektor, kann man das Gruppencoaching über ein Onlineprogramm durchführen und mithilfe eines Gruppen-Calls über Skype zwölf Teilnehmer in die Geheimnisse des sanften Babyschlafs einführen. Wenn man dafür dann 199 Euro pro Person verlangt, sind das 2 400 Euro für eine Stunde Arbeit, plus der Vorbereitungszeit. Ich finde, das ist ein guter Deal. Wir können dies alles von zu Hause aus machen.

Die Mütter und Väter werden ebenfalls dankbar sein, weil sie sich um keine Babysitter kümmern müssen. Außerdem können sich Eltern aus dem ganzen deutschsprachigen Raum dafür anmelden. Win-win-Situationen, wohin man auch blickt.

An dieser Stelle möchte ich sehr gerne von meinem Freund Philipp Boros erzählen. Philipp kommt aus dem Osten Deutschlands und hat einen coolen sächsischen Dialekt. Wir haben uns während eines viertägigen Trips in Alcúdia auf Mallorca kennengelernt. Dort hatte die Vertriebsfirma uns in eine wunderschöne Villa eingeladen und ich durfte an einem Tag ein Social-Media-Training abhalten. Philipp war ein sehr erfolgreicher Verkäufer im »Tür zu Tür«-Geschäft. Er verkaufte Stromverträge an der Haustür und animierte damit Haushalte, Geld zu sparen, indem sie ihren Energieanbieter wechselten. Das ist Hardcorevertrieb. Ich kannte diese Verkaufsform aufgrund meiner Promotiontätigkeit. Das ist wirklich nichts für Weicheier. Zum damaligen Zeitpunkt verkaufte er schon seit neun Jahren die Stromverträge äußerst erfolgreich. Ich war erstaunt, als er mir erzählte, dass er nur drei bis vier Stunden am Tag arbeiten ginge. In dieser Zeit machte er so viele Abschlüsse, dass er 10 000 Euro Umsatz erzielte.

Ich wusste, dass Philipp aber noch mehr Potenzial hat, und fragte ihn, ob er schon mal darüber nachgedacht hätte, Coach zu werden und sein Wissen zu teilen, das schließlich enorm wertvoll war. Er war sofort angetan von der Idee und wir machten uns ziemlich genau vier Wochen später an die Arbeit, sein Wissen zu digitalisieren. Zuerst mussten wir an seiner Positionierung arbeiten. Für welche Werte und Expertisen stand dieser Philipp Boros? Weshalb sollte man sich mit ihm beschäftigen? Welche Probleme löst er? Wir bauten also gemeinsam die Marke »Philipp Boros« auf und entwickelten sein eigenes Coachingbusiness. Es sollte keinen Energieversorger in Deutschland mehr geben, der seinen Namen nicht kannte.

Nicht nur, dass Philipp mittlerweile ein gefragter Coach und Experte auf seinem Gebiet ist, er verdient inzwischen das Doppelte im Vergleich zu der Zeit vor dem Coaching. Es lag auch an ihm, denn er wollte sich weiterentwickeln und hat an sich selbst geglaubt. Genau dieser Punkt macht mich so stolz, ein Teil dieser Erfolgsgeschichte gewesen zu sein.

Wann wirst Du Deine eigene Erfolgsgeschichte schreiben? Bist Du bereit dafür? Dann lies weiter, welche Hebel ich bei Philipp angesetzt habe.

Beratung/Consulting

Hier nun die zweite Form, wie man Coachings in der digitalen Welt umsetzen kann. Auch hier muss ich wieder auf den Geldfaktor verweisen: Es war noch nie so billig, eigene Ideen in der Realität zu testen. Das heißt, man startet seine Idee mit kleinem Geldbeutel und erhält stichhaltige Informationen, ob diese überhaupt auf dem freien Markt angenommen wird. Erst wenn man eine Form der Bestätigung hat, investiert man schrittweise mehr Geld, um noch mehr Menschen zu erreichen.

Wie kann dies in der Realität aussehen? Es ist eine Menge Arbeit, einen mehrwöchigen oder sogar mehrmonatigen Kurs aufzusetzen. Die große Gefahr ist, dass man diesen an den Kundenbedürfnissen »vorbeikonzipiert«, weil man nicht genau weiß, wo deren tatsächliche Probleme liegen. Die Folge daraus ist, dass das Programm nicht genug Anklang findet und einfach nicht genug verkauft wird. Deshalb rate ich meinen Kunden stets dazu, mit dem Verkauf von einzelnen Beratungseinheiten oder -paketen zu beginnen. Wir verwenden den englischen Begriff »Consulting« als Synonym für diese Beratungseinheiten.

Das Thema Consulting hat sich erst in den vergangenen 20 Jahren zu einem wirklich wichtigen Zweig für Unternehmen entwickelt. Viele kleine oder mittelständische Unternehmen sind auf der Suche nach komplexen Lösungen für ihre Probleme, ohne dafür dauerhaft das eigene Personal mit Fachkräften aus den verschiedenen Bereichen aufstocken zu müssen. Dies ist aus betriebswirtschaftlicher Sicht auch völlig verständlich. Es wird punktuell und nicht auf Dauer ein zusätzliches Gehalt investiert.

Dieser Umstand betrifft aber nicht nur größere Unternehmen, sondern auch Einzelunternehmen oder generell Selbstständige. Für Berater mit einer gewissen Expertise ist es außerdem eine relativ leicht umsetzbare Form der Selbstständigkeit oder eines Nebenerwerbs. Zudem bietet es einen hohen Grad an Flexibilität, was die Zeit betrifft. Der allergrößte Vorteil jedoch ist, dass man als Berater einigen Kunden mit seinem Wissen helfen kann und erlebt, wie die Theorie in die Praxis überführt wird. Einzelne Sessions zu machen, bedeutet, dass man erstmal mindestens zehn einzelne Kunden haben muss, denen man im Beratungsgespräch über Telefon, Skype oder auch WhatsApp dabei hilft, ihr Problem zu lösen, ein geniales Ergebnis zu bekommen und damit die Basis für das erste Premium-Onlineprogramm zu entwickeln.

Warum auf diese Weise vorgehen? Ganz einfach. Die Beratung muss für jeden in der Zielgruppe funktionieren. Wenn man mit jeder der zehn Personen dasselbe Training durchführt und alle zehn ein Ergebnis erreichen, mit dem sie zufrieden sind, erst dann braucht man sich hinzusetzen und ein vollumfängliches Onlineprogramm zu entwickeln, was nun einmal einiges an Zeit kostet.

Die Gespräche stellen dann die Basis des Onlinekurses dar. Spätestens dann kann man sich sicher sein, dass man einen absoluten Mehrwert für die eigenen Kunden abliefert. Mit dieser Denkweise können die eigenen Kurse auch immer wieder überarbeitet, ergänzt, weiterentwickelt und verbessert werden. Die Ideen gehen nie aus, weil die eigenen Beratungskunden mit immer neuen Fragen und Problemen kommen. Wenn diese ernst genommen werden, können sie anschließend in die Onlinekurse eingearbeitet werden. Stück für Stück schafft man mit diesem Vorgehen ein unnachahmliches Produkt, das immer besser und immer passgenauer für die eigene Zielgruppe wird.

Ich empfehle meinen Kunden – immer mit Zustimmung der Teilnehmer! –, alle diese einzelnen Sessions als Videodatei aufzuzeichnen und den zukünftigen Teilnehmern des Programms als Bonus zur Verfügung zu stellen. Dafür sprechen mehrere Gründe:

1. Es wertet das Programm qualitativ auf, was zur Folge hat, dass es sich auch preislich auswirken kann. Je qualitativ hochwertiger der Input, desto mehr Probleme kann er lösen und desto teurer kann er verkauft werden.

2. Was jedoch noch viel wichtiger ist: Die zukünftigen Teilnehmer können sich diese Videos auch anschauen und im Nachgang den ein oder anderen Tipp für sich mitnehmen. Wir wollen ja niemandem das Geld aus der Tasche ziehen, sondern sie erfolgreicher machen. Nur mit dieser Einstellung kann man ein nachhaltig profitables Business aufbauen. Kurzfristiges Denken führt höchstens zu kurzfristigen Ergebnissen.

Wichtig dabei ist, sich eine eigene Website zu bauen. Dies ist auch völlig ohne Programmierkenntnisse möglich. Es gibt sensationelle Baukastensysteme, die mit wenigen Klicks »aufgesetzt« werden können. Ich kann schließlich auch nicht programmieren, wie ich weiter oben schon mal geschrieben habe. Falls es doch irgendwo haken sollte, gibt es im Internet etliche Tutorials, die helfen. Oder wenn es hart auf hart kommt, kann man sich selbst die Expertise mit einem Programmierer kurz ins Haus holen.

Auf jeden Fall muss ein Onlinekalender auf der Seite integriert werden. Außerdem benötigt man einen Zahlungsanbieter oder eine entsprechende Shop-Lösung. Auch die gibt es mittlerweile gratis und sie sind sehr leicht an die Page anzubinden. Und schon kann man die ersten Beratungen verkaufen.

Den Empfehlungen, die jetzt kommen, kann man folgen, muss man aber nicht. Ich habe jedenfalls so mein Business aufgebaut. Doch viele Wege führen bekanntlich nach Rom und jeder muss seinen eigenen finden, der zur eigenen Persönlichkeit passt.

Ich persönlich würde mindestens drei Monate mit den jeweiligen Kunden zusammenarbeiten. In diesen drei Monaten sollte pro Woche ein Skype-Gespräch von ungefähr einer Stunde enthalten sein. Preislich sollten um die 1 000 Euro anvisiert werden, pro Monat wohlgemerkt. Wenn man nun zehn Kunden geholfen hat, hat man 30 000 Euro Umsatz auf dem Konto und die Sicherheit, dass die Tipps auch tatsächlich funktionieren. Dann kann man sich einen Onlinekurs aufbauen und die Ergebnisse nach oben skalieren.

Zusätzlich hat man nun aber auch zehn zufriedene Kunden, die sich sicherlich gerne für Testimonials zur Verfügung stellen. Menschen erzählen einfach gerne von ihren Erfolgen, wenn man ihnen die Chance dazu gibt. Ein Testimonial ist eine für Dich werbende Person, die das bestätigt, was Du versprichst. Und wer kann das besser als Deine zufriedenen Kunden? Automatisch nimmt die Glaubwürdigkeit am Markt zu. Man muss seine Leistungen eben in irgendeiner Form auch sichtbar machen, damit die Menschen Vertrauen aufbauen können.

Auf diese Art und Weise hat es mein Kunde Hussain Aslam auch gemacht. Er schrieb mich über Facebook an, dass ihm das Einstecktuch und meine Krawatte auf meinem Profil gut gefielen. Ich fand das charmant, weshalb ich ihn in meine Freundesliste aufnahm. Hussain Aslam ist ein erfolgreicher Vermögensberater, der Menschen dabei hilft, nicht nur für später vorzusorgen, sondern ein Vermögen aufzubauen. Außerdem bietet er Menschen eine berufliche Perspektive, wenn sie es auch wollen. Er ist seit über 15 Jahren erfolgreich in diesem Geschäft.

Kurz nach seiner Freundschaftsanfrage über Facebook haben wir telefoniert. Schnell war klar, dass er sich der Macht von

Facebook & Co. durchaus bewusst ist, ihm aber die richtige Perspektive fehlte, um diese Macht auch für sich selbst und sein Business zu nutzen. Er wollte von mir wissen, welche Einsatzmöglichkeit er hätte, um sich und sein Geschäft auf die nächste Ebene zu heben. Aufgrund meiner glaubwürdigen Ausführungen entschied er sich schnell, in mein Programm einzusteigen, um meine Empfehlungen zu vertiefen. Er ist Berater/Consultant und nutzt Social Media nun nicht mehr nur, um neue Kontakte aufzubauen. Er hat seine eigene Personenmarke massiv gestärkt und ist damit zum Magneten für andere geworden. Vor allem nutzt er mein Social-Media-Coachingprogramm, um seine Mitarbeiter, die bundesweit verteilt sind, auszubilden und weiterzuentwickeln. Nun funktioniert dies 24 Stunden am Tag, wenn er will. Vor meinen Empfehlungen hat er dies lediglich mit Einzelcoachings getan. Nun jedoch hat er mehrere Teilnehmer gleichzeitig und kann seine Coachingleistung vervielfachen.

Jeder Mensch hat dieselben 24 Stunden am Tag zur Verfügung! Dank des Internets konnte er sich klonen und das sooft er wollte. Wow! Er nimmt kein Geld für seine Coachings, denn er verdient sein Geld damit, dass seine Teammitarbeiter selbst mehr Abschlüsse machen und erfolgreicher werden.

Welches Problem hat er damit gelöst? Er hat mehr Kontakte in kürzerer Zeit erlangt durch den Aufbau seiner Personenmarke. Diese sind für sein Business unerlässlich. Und er kann nun sein Wissen unbegrenzt an andere weitergeben, ohne persönlich anwesend zu sein. Damit hat er zwei Fliegen mit einer Klappe geschlagen.

Könnte es mehr Vermögensberater und Finanzdienstleister da draußen interessieren, was ich mit ihm gemacht habe? Na sicher! Allein die Deutsche Vermögensberatung hat über 14 500 Berater, die sechs Millionen Kunden betreuen. Ein riesiger Markt, der bedient werden will.

Daran merkt man, welche vielfältigen Einsatzmöglichkeiten es im digital unterstützten Business gibt. Und das ist wirklich nur die Spitze des Eisbergs. Die Möglichkeiten sind unbegrenzt. Auch etliche Kombinationen zwischen Consulting und Onlineprogrammen sind möglich. Du wirst Schritt für Schritt herausfinden, welche Strategien für Dich die passenden sind. Probieren geht über Studieren, wie es so schön heißt!

Dienstleistung

Wir leben in einer Dienstleistungsgesellschaft. Dies ist unbestritten. 2017 wurden in den Dienstleistungsbereichen rund 69 Prozent der gesamtwirtschaftlichen Wertschöpfung generiert. Die Bruttowertschöpfung betrug über 2 000 Milliarden Euro. Eine unglaublich hohe Zahl.[16] Es ist also der größte Arbeitsbereich in Deutschland. Dieser Sektor ist quasi das Rückgrat der gesamten deutschen Wirtschaft. Und auch in diese Richtung können die Coachingpakete ausgerichtet werden.

Dienstleistung: Etwas für andere tun, erledigen, lösen – man kann es bezeichnen, wie man möchte, es läuft doch aufs Gleiche hinaus. Wenn jemand eine Website braucht, eine Facebook-Seite oder auch nur seinen Garten herrichten will, dann sucht er einen entsprechenden Dienstleister, der ihm seine Wünsche erfüllen kann. Ein Dienstleister ist jemand, der etwas bestimmtes kann und ein Problem für andere löst. Viele Berufe aus der IT sind Dienstleistungsberufe, ein Tätowierer ist ein Dienstleister, ebenso ein Friseur. Der Unterschied zum Coach ist, dass ein Dienstleister die Umsetzung tatsächlich übernimmt. Ein Berater oder Consultant berät eben nur, wie es funktionieren könnte. Die Umsetzung bleibt einem selbst überlassen.

Wie können wir nun das Internet, speziell die sozialen Medien, dafür nutzen, ein erfolgreicher Dienstleister zu werden? Wie können wir uns im Internet als Experte inszenieren, um als absoluter Profi dazustehen? Dafür gebe ich hier zwei Beispiele: Wenn man Homepagedesigner ist, dann hat man höchstwahrscheinlich die eine oder andere Website bereits an Kunden verkauft. Wenn dem nicht so wäre, wäre man wahrscheinlich nicht mehr in dem entsprechenden Business unterwegs. Jemand, der gerade ein Unternehmen gegründet hat oder kurz davor steht, es zu tun, sucht nach jemandem, der professionelle Webseiten für sein Business erstellen kann. Vielleicht gibt es aber auch ein bestehendes Unternehmen, das seine in die Jahre gekommene Website überarbeiten lassen möchte. Also gibt es einen bestimmten Bedarf dafür, jemanden zu finden, der diese Wünsche in die Realität überführen kann – das ist manchmal eine Herausforderung. Schließlich gibt es Tausende und Abertausende Homepagespezialisten, von denen jeder versucht, Aufträge zu ergattern.

An diesem Punkt stellt sich natürlich die Frage, weshalb die Auftraggeber gerade unsere Dienste auswählen sollten. Schließlich haben sie die riesige Auswahl. Viele denken, es ginge nur um den Preis, den man für seine Leistungen aufruft, aber das ist nicht der Fall. Es wird nämlich immer jemanden geben, der einen günstigeren Preis anbietet, nur um den Auftrag an Land zu ziehen. Wer will schon freiwillig diesen Weg auf sich nehmen? Ziel sollte es ja sein, mehr Geld für die aufgewendete Zeit zu erhalten. Zumindest halte ich dieses Vorgehen für äußerst sinnvoll. Ich halte überhaupt nichts davon, die Geiz-ist-geil-Mentalität zu fördern. Qualität hat ihren Preis und das ist gut so!

Sei ehrlich zu Dir selbst: Bist Du von Deinen Qualitäten überzeugt? Wenn nicht, weshalb nicht? Was benötigst Du, um von ihnen überzeugt zu sein? Wenn man nämlich nicht von sich selbst überzeugt ist, wird es schwer, höhere Preise durchzusetzen. Bei Honorarverhandlungen wird man so immer den Kürzeren ziehen, wenn man sich über den eigenen Wert im Unklaren ist. Der Vergleich mit anderen bringt da wenig. Meistens ist er sogar kontraproduktiv fürs eigene Selbstbewusstsein. Klar, gewisse Preise, die am Markt aufgerufen werden, kann man schon mal ins Visier nehmen, um einen ungefähren Rahmen zu erhalten. Doch Gedanken wie: »Der ist schon viel länger am Markt, deshalb kann er doppelt so hohe Honorarnoten schreiben.« führen ins finanzielle Verderben. Wenn man sich unsicher ist, ergibt es durchaus Sinn, unabhängige Personen um Rat zu fragen, ob sie die Arbeit gut finden.

Ein unabhängiger Blick von außen kann manchmal Gold wert sein. Es sollten jedoch nicht die engsten Freunde sein. Bei Castingshows greife ich mir immer wieder mal an den Kopf, wenn Leute glauben, singen zu können, nur weil ihre Freunde nicht ehrlich zu ihnen waren. Sie wollten eben einfach nicht die Gefühle des Singenden verletzen. Dafür haben sie dann aber gesorgt, dass er sich im Fernsehen so richtig blamiert. Höchstwahrscheinlich wäre es klüger gewesen, sie hätten gleich die Wahrheit gesagt und ihren Freund nicht in einer Traumwelt weiterleben lassen. Deshalb mein Tipp: Fremde bei solchen Dingen zu Rate ziehen. Die haben keine großartige Angst, bei negativer Kritik die Person und deren Gefühle zu verletzen.

Wenn dann negatives Feedback kommt, versucht man die Dinge, die anscheinend verbesserungswürdig sind, so gut wie möglich zu »fassen«. An diesen Punkten den Hebel anzusetzen, ist absolut sinnvoll und katapultiert uns leistungstechnisch nach vorne. Doch Vorsicht: Ich halte eben nichts davon, wie wild Zertifikate zu sammeln oder Ausbildungen zu absolvieren, nur um eine Ausrede parat zu haben, nicht starten zu müssen. Hier geht es um konkretes Feedback, nicht um breite Weiterbildungen. Wenn man jedoch weiß, wo man sich verbessern könnte, dann sollte man alles daransetzen, dies auch zu tun. Im Hinterkopf sollte jedoch immer der Kundennutzen behalten werden. Ausbildung, zumindest im beruflichen Sektor, sollte niemals zum Selbstzweck verkommen. Am Ende des Tages geht es natürlich auch darum, höhere Honorare am Markt durchzusetzen, weil man eine außergewöhnliche Leistung anbieten kann.

Der Preis ist unwichtig

Meine Empfehlung auch für Dienstleister sollte an dieser Stelle klar sein. Man sollte sich, wie im oben genannten Beispiel, als Experte für Webseitenaufbau positionieren. Schlussendlich wird nie die Website an sich verkauft. Ein häufiges Missverständnis. Es werden Lösungen für das Problem des Kunden verkauft. Welche Probleme kann nun also eine Website lösen?

Die Lösung ist nicht einfach eine schön designte Website, sondern eine, die unseren Kunden mehr Anfragen und folglich wiederum mehr Kunden bringt. Natürlich spielt auch die Ästhetik immer eine Rolle. Aber sie ist niemals nur Selbstzweck. Sie muss einen gewissen Zweck erfüllen, sonst wäre sie Kunst, und dafür gibt es Gemälde und Museen. Der Kunde interessiert sich in den wenigsten Fällen für die Website und Gestaltung an sich, sie ist nur das Mittel zum Zweck. Wenn wir uns dahin gehend positionieren, Unternehmen zu helfen, durch eine Website mehr Anfragen zu generieren, dann heben wir uns schon mal vom Massenmarkt deutlich ab.

Der allergrößte Marktanteil bietet nämlich alles an – in der Hoffnung, durch die thematische Offenheit mehr Aufträge zu erhalten. Dadurch werden jedoch die Anbieter, die diesen Weg wählen, austauschbar. Die Vergleichbarkeit mit anderen Anbietern sorgt dafür, dass schlussendlich der Preis das ausschlaggebende Kriterium für die Auswahl ist. Und schon sind wir wieder in der Geiz-ist-geil-Spirale, der wir uns auf alle Fälle entziehen wollen. Wir wollen mehr, nicht weniger Geld für unseren Zeiteinsatz verdienen. Vor allem möchten wir uns in die Position bringen, einen größeren Mehrwert für die eigenen Kunden zu erzielen, so dass sie zufriedener und bereit sind, uns freiwillig höhere Honorare zu bezahlen. Wir versuchen, eine positive Spirale in Gang zu setzen, bei der es nur Gewinner gibt.

Mein erster Hinweis war, dass man sich als Experte für ein gewisses Teilgebiet positioniert. Der zweite Hinweis von mir ist die Verdoppelung der ursprünglichen Preise. Man kann diesen Satz ruhig noch einmal lesen, wenn man ihn nicht glaubt. Ich rede nicht davon, dass man statt 500 Euro plötzlich 1 000 Euro verlangt. Ich spreche davon, den doppelten Preis der marktüblichen Preise zu veranschlagen. Das ist Premium. Das ist schockierend, oder? Gut so!

Es zeigt nämlich, dass Dir Dein Mindset nicht erlaubt, richtig hohe Honorare zu verlangen. Es beweist, dass Du Dich noch immer mit anderen vergleichst, mit einzelnen Akteuren, mit der Branche. Wenn Du Dich aber richtig positionierst, dann gibt es keine Branche. Dann bist Du die Branche.

Es ist äußerst wichtig, dass der folgende Punkt verständlich ist und Du ihn Dir verinnerlichst: Es geht nie, nie, nie ums Geld, auch wenn es auf den ersten Blick so wirkt. Es geht um den Schmerz des Gegenübers, den wir mit unseren Leistungen und Angeboten lindern können. Da tritt das Geld in den Hintergrund!

Außerdem sollten unsere Produkte, unsere Dienstleistung mindestens zehnmal mehr wert sein, als sie kosten. Eine gute Website, die gute Eintragungsquoten für Kundenanfragen hat, bringt dem eigenen Kunden in den nächsten zwölf Monaten mehr als nur das Investment von 4 000 Euro für die Dienstleistung der Homepageentwicklung. Im Idealfall eben an die 40 000 Euro. Das Unternehmen wird mit deutlich mehr Anfragen mehr Kunden gewinnen und seinen Umsatz in die Höhe schießen lassen. Genauso ist es mit dem Friseurgeschäft. Wenn man ein Friseurgeschäft hat, dann sollte man die sozialen Medien für den Aufbau der Marke nutzen. Es gibt zig Friseurgeschäfte in jeder Stadt, warum sollte der Kunde genau zu uns kommen? Gut sind viele, das ist keine Frage. Die meisten werden wohl ihr Handwerk verstehen.

Die Menschen gehen natürlich zu demjenigen, der bekannter ist, der sich inszeniert, der einen VIP-Status hat. Wir brauchen uns nur die Läden von Udo Walz anzusehen. Der hat sich zu einer wahren Marke entwickelt, die über die Grenzen hinaus bekannt ist. Menschen geben hier einfach mehr Geld aus als beim Friseur um die Ecke und haben kein schlechtes Gewissen dabei. Sogar auf Mallorca hat Herr Walz einen Salon. Er hat es geschafft, wovon so viele träumen. Es ist die Frage, ob seine Mitarbeiter auch so viel besser sind als die beim Friseur um die Ecke. Wahrscheinlich nicht. Doch hier zählt einfach der Promifaktor.

Die Menschen zahlen mehr Geld bei einem bekannteren Menschen und nicht unbedingt bei den besten. Wenn unsere Qualität jetzt auch noch gut ist und wir dies sichtbar machen, dann wird unser Umsatz explodieren.

Man sollte immer das Ziel haben, die erste Wahl in der eigenen Stadt zu sein. Man muss nicht ein Starfriseur sein wie Udo Walz, uns muss nicht ganz Deutschland kennen. Zumindest in unserer Stadt, in unserer Region sollten wir die unangefochtene Nummer eins sein. Nur dann kann man auch höhere Preise nehmen für seine Dienstleistung.

Wenn Du jedoch selbst angestellter Friseur bist und der Laden Dir nicht gehört, kannst Du ebenfalls auf Dich als Friseur über Social Media aufmerksam machen. Dies hat mehrere Vorteile:

1. Das Unternehmen, für das Du arbeitest, wird mehr Kunden gewinnen und Dein Chef wird Dich lieben.

2. Du bist selbst als Friseur eine eigene Marke, die in jedem anderen Laden der Stadt mit Handkuss genommen werden würde. Du wirst Dir niemals mehr über einen Job Gedanken machen. Und das gilt in fast jeder Branche. Man baut sich einen Expertenstatus auf und wird so zum Kundenmagneten.

Es liegt also sehr wohl im eigenen Interesse, dies auch zu tun. All das ist relativ leicht über das Internet möglich.

An dieser Stelle will ich die Geschichte meines Freundes und Kunden Veysi erzählen. Er ist Reifenhändler für Privatfahrzeuge und bietet obendrein einen Reifenservice an. Das bedeutet, er verkauft nicht nur Reifen, sondern alles, was mit dem Thema Reifen zu tun hat. Er verkauft Felgen und wechselt die Reifen, führt Fachberatungen durch und wuchtet die besten vier Stücke des Autos.

Veysi wurde über Facebook auf mich aufmerksam und besuchte ein Seminar von mir in Westfalen. Er sah, welche Möglichkeiten er hat, sich als Experte in seinem Umkreis zu positionieren. Er besaß bereits eine Facebook-Seite, die ihm ab und an neue Kunden bescherte. Doch der so richtig durchschlagende Erfolg blieb aus. Deshalb haben wir seiner Seite ein kleines Facelifting verpasst und eine Strategie für seinen Social-Media-Auftritt ausgearbeitet. Seine Seite sieht jetzt nicht nur frischer aus, sondern sie hat nun zwei konkrete Aufgaben: Aufmerksamkeit erzeugen und vor allem neue Anfragen generieren.

Veysi wurde als der beste Reifencoach positioniert und konnte sich einen absoluten Expertenstatus aufbauen. Er beriet andere Reifenhändler, wie sie ihre Umsätze massiv in die Höhe schrauben konnten. Die Menge an Aufträgen übertraf alles, was wir ursprünglich erwartet hatten. Die Kunden rannten ihm quasi die Bude ein. Selbst wenn Veysi irgendwann keine Lust mehr hat, andere Reifenhändler dabei zu coachen, mehr Umsatz zu generieren, hat er allein mit seinem Status eine größere Aufmerksamkeit erzielt, was wiederum seinem eigenen Business zugutekommt.

Bereits nach 30 Tagen zogen wir die erste Bilanz, die sich mehr als sehen lassen konnte. Veysi hatte keine 100 000 Fans auf seiner Fanseite und auch keine 100 000 Abonnenten auf Instagram, das brauchte er gar nicht. Er macht mit knapp 1500 Fans auf seiner Seite mehr Umsatz als manche Franchisenehmer von großen Reifencentern. Warum? Weil er die Zielgruppe richtig anspricht.

Meistens machen wir uns das Leben selbst unnötig schwer. Manchmal darf Erfolg auch durchaus leicht sein, indem man sein Smartphone in die Hand nimmt und beginnt, sich der

Welt da draußen zu zeigen. Man braucht sich nur für die neuen Möglichkeiten der digitalen Welt zu öffnen, so wie Veysi und viele andere es bereits getan haben.

Automatisierung

Was versteht man eigentlich unter Automatisierung? Für mich steht dieser Begriff direkt im Zusammenhang mit Zeitersparnis. Die Bezeichnung »Zeit gegen Geld« ist in diesem Buch schon oft gefallen und es spielt keine Rolle, für welche Art Geschäft man sich interessiert, sei es das Coaching oder die Beratung. Jeder hat nur 24 Stunden am Tag zur Verfügung. Davon wird in der Regel acht bis neun Stunden gearbeitet. Doch damit ist es nicht getan, wir brauchen noch Zeit für Familie, Freizeit und Schlaf. Und blitzschnell sind diese 24 Stunden vorbei.

Aufgrund der Möglichkeiten, die uns das Internet bietet, können wir uns nun tatsächlich klonen und Zeit vervielfältigen. Ein Beispiel für diesen wunderbaren Prozess sind Webinare. Ein Webinar ist nichts anderes als ein Seminar, das im Internet stattfindet. Menschen schalten sich vom Computer oder Smartphone dazu, um Wissen zu konsumieren. Seien wir ehrlich: Wenn wir Kunden für unsere Produkte gewinnen wollen, erzählen wir 99,9 Prozent der Zeit dasselbe. Wir erfinden nicht am laufenden Band neue Geschichten, nur um die Menschen zu beeindrucken. Weshalb auch? Das Problem der eigenen Zielgruppe verlangt ja auch nicht nach mehr, es ist mehr oder minder das Gleiche. Meistens machen wir das in Einzelgesprächen oder am Telefon, das ist natürlich sehr anstrengend und vor allem zeitintensiv.

Kundenakquise zu betreiben, ist kein Zuckerschlecken, aber, dem Internet sei Dank, muss man heute nicht mehr Tausende Kilometer im Monat herunterspulen, um Vor- oder Verkaufsgespräche zu führen. Wenn nämlich bei so viel Fahrerei und Aufwand das Ergebnis nicht in einem Abschluss für uns endet, haben wir Zeit und Geld verloren – unsere Laune ist dann dementsprechend. Das nächste Gespräch findet wiederum schon unter schlechteren Bedingungen statt, weil wir miese Laune haben. Keine gute Ausgangssituation.

Was ist, wenn man durch einen automatisierten Prozess von vornherein diejenigen herausfiltern kann, die wirklich an unseren Produkten interessiert sind? Ja, das gibt es wirklich und ein Webinar ist ein wunderbares Vehikel, um genau dies zu erreichen. Hier gibt es mehrere Varianten, um dies durchzuführen: Webinare können live stattfinden. Das bedeutet, zu einer festgelegten Uhrzeit können sich Hunderte oder gar Tausende Menschen zeitgleich über eine Software oder eine App zuschalten. In dem Webinar kann mithilfe von Folien und auch anhand von Videos über die Lösung ihrer Probleme gesprochen werden. Die zweite Variante ist, dass ein Webinar mittels entsprechender Software aufgezeichnet wird und an zwei Terminen am Tag immer wieder abgespielt wird. Ist das nicht genial?

Das bedeutet, Interessenten melden sich für das Webinar an, können sich für einen der zwei angebotenen Termine eintragen und nehmen dann teil, ohne dass wir selbst vor dem Laptop sitzen. Somit hat man sich schon zweimal am Tag geklont. Das Webinar kann theoretisch 24 Stunden am Tag, 365 Tage im Jahr geschaltet werden, ohne dass es müde wird oder eine schlechte Leistung abliefert. Gleichzeitig fallen keine Kosten an. Die Interessenten wiederum, die sich im Webinar befinden, hören und sehen uns persönlich. Und seien wir ehrlich: Kein Mitarbeiter der Welt wird einen Job so gut machen wie der Unternehmer selbst.

Ein Reifenhändler könnte ein Webinar halten mit dem Titel »Fünf geheime Tipps, wie Sie mit Ihrem Auto sicher durch jeden Winter kommen!« Das Webinar könnte 20 bis 30 Minuten dauern. Er spricht darüber, worauf man beim Winterreifenkauf besonders achten sollte, welche verschiedenen Modelle es gibt und wo beim Kauf große Einsparpotenziale herrschen. Am Ende des Webinars kann man dem Zuschauer ein Angebot unterbreiten oder einen Telefontermin in der Werkstatt anbieten. Der Kunde bekommt Tipps, die Expertise des Unternehmers steigt und somit auch das Vertrauen. Kaum ein lokales Unternehmen, das einen Kundenkreis im Umkreis von 20 bis 30 Kilometer hat, macht so etwas bis jetzt.

Auf Bundesebene sind solche Webinare sogar noch sinnvoller. Egal zu welcher Uhrzeit, egal zu welcher Jahreszeit, ein Webinar wird nicht krank. Einmal aufgesetzt und ein Klon ist geboren. Automatisierte Webinare sind für jeden Markt geeignet. Besonders gut eignen sie sich jedoch für die vier größten Businessmärkte, über die wir oben schon mal gesprochen hatten: Dating, Gesundheit, Geld, Persönlichkeitsentwicklung.

Aber auch um Mitarbeiter auszubilden für bestimmte Prozesse, sind automatisierte Webinare bestens geeignet. Auch dort erzählt man in den meisten Fällen immer das Gleiche. Vielleicht ist der eine oder andere Leser noch angestellt in einer Firma und könnte doch mal seinem Vorgesetzten vorschlagen, dass man einen Teil der Ausbildung neuer und bestehender Mitarbeiter durch Webinare automatisieren könnte. Damit wird man auf jeden Fall, im wahrsten Sinne des Wortes, vom Vorgesetzten ein »Like« bekommen.

Begeisterung für das eigene Business geschieht heute vor allem digital. Mit Webinaren kann man sein Marketing, seinen Vertrieb, seine Kommunikation und seine Mitarbeiterausbildungen völlig auf Autopilot schalten. Es ist ein hervorragendes Tool, um Zeit zu sparen.

Webinare verkaufen

Die Webinare sind nicht nur großartig, um zu informieren und auf sich als Experte aufmerksam zu machen, sondern auch, um Direktverkäufe zu tätigen. Ja, richtig gehört: Nachdem der Interessent informiert wurde, dass man sein tatsächliches Problem versteht, und man ihm klargemacht hat, dass man auch noch die optimale Lösung hat, wird der Interessent gerne zum Käufer. Natürlich werden nicht alle Interessenten zugreifen, aber einige, und da kann die Kasse dann schon richtig klingeln. Bei hochpreisigen Onlinecoachings oder Dienstleistungen sollte man nicht am Ende des Webinars verkaufen, wie man es sonst kennt. Viel klüger ist es da, den Webinarteilnehmern die Möglichkeit zu geben, sich für ein kostenloses Strategiegespräch zu bewerben. So wie das bei mir der Fall war mit dem Zeitmanagement-Seminar.

Dass sich die Teilnehmer des Webinars bewerben müssen, dreht den sprichwörtlichen Spieß um. Nicht mehr wir sind die Bittsteller, die etwas verkaufen müssen, sondern das Gegenteil ist der Fall: Der Ball wird ihnen zugespielt. Das zu verkaufende Produkt wird durch dieses Vorgehen hochwertiger und bekommt einen exklusiven Touch. Es wird dadurch klar, dass der Produktgeber nicht mit jedem arbeiten will und nicht jeden auch coachen möchte.

Durch ein Bewerbungsformular werden zwei Fliegen mit einer Klappe geschlagen:

1. Es ist ein Filter und man sieht, wer es wirklich ernst meint und wer offen ist für eine Zusammenarbeit.

2. Dort können vorab Fragen geklärt werden, um herauszufinden, ob ein Onlinecoaching und die entsprechende Dienstleistung wirklich etwas für den Interessenten ist. Wird damit sein Problem gelöst oder braucht er etwas ganz anderes?

Bevor man eine Bewerbung online abschickt, kann man ein Formular dazwischenschalten, so dass der Interessent erst einmal einige Fragen beantworten muss. Folgende Fragen könnten gestellt werden:

- In welcher Branche sind Sie tätig?

- Welche Ziele haben Sie?

- Welche sind Ihre größten Herausforderungen?

- Warum haben Sie Ihr Ziel noch nicht erreicht?

- Wie viel können Sie investieren, um das Problem zu lösen?

So weiß man beim Bewerbungstelefonat, wo der Schuh drückt, und man verschwendet weder die eigene noch die Zeit des anderen. Wir wissen dadurch auch, wie viel Geld vorhanden ist. Es herrscht in vielen Punkten Klarheit. Den eben beschriebenen Bewerbungsprozess würde ich jedoch nur mit Produkten durchführen, die 1 000 Euro aufwärts kosten – ansonsten ist der Aufwand einfach zu groß. Alle Produkte, die weniger kosten, kann man direkt im Anschluss an ein Webinar anpreisen.

MEINE VIER ERFOLGSGEHEIMNISSE

In diesem Kapitel zeige ich, welche Elemente wirklich über Erfolg und Misserfolg entscheiden werden. Allein die folgenden Seiten werden Dich davon abhalten, mehrere Tausend Euro unnötig aus dem Fenster zu schmeißen. Glaub mir!

Ich zeige hier vier Erfolgsgeheimnisse, die man in dieser Form in keinem anderen Buch findet:

- Persönliche Weiterentwicklung.

- Aufbau einer Persönlichkeitsmarke.

- Verkaufen.

- Wiederholung ist alles.

Persönliche Weiterentwicklung

Wie ich bereits erwähnt habe, bedarf es keines Wirtschaftsstudiums, sondern nur einfachen Hausverstands, um sein eigenes Business auf die Beine zu stellen. Eigentlich ist es sogar wirklich simpel. Doch wir sind es gewohnt, uns die Sachen unnötig kompliziert zu machen. Damit muss ab jetzt Schluss sein!

Man kann an dieser Stelle fragen (so wie ich mich damals gefragt habe): Warum macht das dann nicht jeder, wenn es so einfach ist? Diese Frage ist absolut berechtigt. Die Antwort ist ebenso simpel: weil sie sich zutiefst unsicher sind und Angst haben, damit zu scheitern. Sich zu zeigen, wie man ist, ist wohl die größte Herausforderung für jeden.

Ich habe in diesem Buch auch des Öfteren das Thema Mindset und die persönliche Weiterentwicklung erwähnt. Persönlichkeitsentwicklung darf keinesfalls mit Motivation gleichgesetzt werden, was leider allzu häufig getan wird. Es gibt niemanden, der uns besser motivieren kann als wir selbst. Wir allein sind dafür verantwortlich, das innere Feuer am Laufen zu halten oder es zu entfachen. Klar kann man sich den einen oder anderen Impuls von außen holen, doch langfristige Motivation kommt immer und ausschließlich aus unserem Inneren, also von uns selbst. Jedoch blasen die meisten Motivationsseminare uns nur auf wie einen Luftballon. Das fühlt sich wirklich gut an. Ich selbst habe das eine oder andere Seminar sogar selbst besucht. Ich weiß, wovon ich rede. Leider ist die Luft aus dem Ballon spätestens dann raus, wenn sich erste Hindernisse auftun.

Wenn wir nach so einem Motivationswochenende wieder nach Hause fahren, erwartet uns die bittere Realitätspille. Wir wohnen immer noch nicht in einer Villa im Süden, unser Ferrari steht immer noch nicht vor der Tür und unser Bankberater hat uns immer noch nicht angerufen, um uns in Panik mitzuteilen, dass unser Konto wegen Überfüllung geschlossen wird. Die Luft aus dem Luftballon entgleitet langsam – oder noch schlimmer: Das Leben hält eine Nadel in der Hand, die diesen Ballon, der voller Träume und Hoffnung ist, mit einem Stich zum Platzen bringen kann.

Schnell stellt man sich wieder die Frage, ob die braun gebrannten, Rolex tragenden Motivationsgurus uns tatsächlich die ungeschminkte Wahrheit erzählt haben. Oder wir beginnen, an uns selbst zu zweifeln. Wir haben ja die ganzen erfolgreichen Menschen dort bei den Veranstaltungen gesehen. Die haben es geschafft, aus ihrem Leben etwas zu machen. Weshalb schaffen wir es dann nicht? Solche Fragen tun weh, weil es keine vernünftige Antwort darauf gibt. Sie sind einzig und allein nur dafür da, uns zu erniedrigen, uns kleinzuhalten. Neid macht sich dann breit.

Haben wir das wirklich nötig? Die meisten fallen dann in ein tiefes Motivationsloch. Wer im Seminar hoch fliegt, kann schließlich umso tiefer fallen. Vielen geht es nach dem Seminar bescheidener als zuvor. Aus diesem Gefühl heraus resignieren viele oder laufen zum nächsten Motivationsguru und erhoffen sich dort die Lösung für all ihre Probleme. Leider werden sie den heiligen Gral des Erfolges auch dort nicht finden. Ich darf so abwertend darüber reden, weil ich genauso ein Idiot war: Auch ich war auf der Suche nach diesem sagenumwobenen Gral, der endlosen Erfolg verspricht.

Der wahre Schlüssel zum nachhaltigen Erfolg hat vier Synonyme:

1. Harte Arbeit!

2. Disziplin!

3. Unverwüstlichen Willen!

4. Persönliche Weiterentwicklung!

Der Pfad zum Erfolg ist blutig und schmerzhaft – aber er lohnt sich. Aufgrund der Herausforderungen auf diesem Weg scheitern auch so viele Menschen. Sie sind nicht bereit, den Preis für den Erfolg zu zahlen. Jeder Mensch möchte frei sein, aber nur die wenigsten sind tatsächlich bereit, für diese Freiheit zu kämpfen.

Ich spreche von der Art des Kampfes, bei der es kein Zurück gibt. Bei der kein Plan B und keine Hintertür mehr existieren. Ab einem gewissen Punkt kann man nicht mehr unverbindlich agieren, da können keine Entscheidungen mehr zurückgenommen werden und es kann nicht mehr in alte Muster zurückgefallen werden. Hin und wieder wird man gezwungen, ins kalte Wasser zu springen und nicht zu wissen, was einen erwartet.

Ich kenne keinen erfolgreichen Menschen, egal ob es aus der Geschichte ist oder aus meinem persönlichen Netzwerk, der nicht auf dem Weg nach oben geblutet hat. Aber nach vielen Gesprächen haben alle mir ausnahmslos auf meine Frage, ob sie es wieder tun würden, ohne auch nur nachdenken zu müssen, mit einem selbstbewussten Ja geantwortet. Es sind die Herausforderungen, die das Ergebnis so wertvoll machen.

Stellen wir uns einmal vor, wirklich alles würde uns einfach so in den Schoß fallen, ohne dass wir etwas dafür tun müssten, ohne dass wir uns in irgendeiner Form anstrengen müssten. Ich bin mir sicher, wir würden unsere Ergebnisse nicht wertschätzen können, weil wir niemals hätten scheitern können. Erst die Möglichkeit des Scheiterns macht aus unserem Leben etwas Kostbares, so wie der Tod das Leben kostbar macht. Das klingt hart, ist aber so.

Bei diesem selbstbewussten Ja, das mir ausnahmslos alle Erfolgreichen entgegenschleuderten, sah ich in ihren Augen das Feuer der Leidenschaft. Aus diesem Grund möchte ich nun eine kleine Geschichte von Alexander dem Großen erzählen.

Die eigenen Schiffe verbrennen

Diese nachfolgende Geschichte wird Alexander dem Großen, seines Zeichens makedonischer König, »angedichtet«. Er lebte von 356 bis 323 v. Chr. Seine Führungsqualitäten sind durch die Geschichtsschreibung überaus gut dokumentiert. Von ihm stammte beispielsweise das Zitat: »Ich habe keine Angst vor einem Heer von Löwen, das von einem Schaf angeführt wird. Ich habe aber Angst vor einem Heer von Schafen, das von einem Löwen angeführt wird.« Allein diese Aussage unterstreicht seine Meinung über Führung. Was für das Führen von anderen gilt, kann sehr wohl auch für die Führung des eigenen Selbst gelten.

Von Alexander dem Großen wird eine beachtliche Geschichte erzählt, die man sich zu Herzen nehmen sollte. Als er im Krieg mit seinen Truppen an der persischen Küste landete, erreichte ihn die Nachricht, dass er den feindlichen Heeren mit eins zu drei unterlegen sei. An Land angekommen, beriet er sich zuerst mit seinen obersten Heerführern. Alle seine Berater und Offiziere kamen zum selben Schluss: Es ergibt keinen Sinn, den Kampf zu wagen. Alexander der Große solle mit seinen Truppen wieder abziehen und erst wieder zurückkommen, wenn der persische Feind nicht mit ihnen rechnete. Nur wenn sie zahlenmäßig ebenbürtig wären, könnten sie den Feind besiegen. Klingt logisch und wahrscheinlich hätten viele von uns sich genauso entschieden. Es war wesentlich wahrscheinlicher, eine herbe Niederlage zu erleiden, wenn auf einen der eigenen Krieger drei feindliche kommen.

Allerdings entschied sich Alexander der Große gegen eine Umkehr und somit dagegen, dem Feind das Feld kampflos zu überlassen. Er ging sogar noch einen Schritt weiter und verbrannte die eigenen Schiffe. Ein drastischer, aber effektvoller Schritt. So gab es nie auch nur den Hauch einer Option für den Rückzug. Die gesamte Energie konnte auf die große Schlacht gelegt werden, ohne gleichzeitig ein Zurückweichen oder eine Flucht im Hinterkopf zu behalten. Er setzte alles auf eine Karte.

Für seine Soldaten war es natürlich furchtbar. Alexander der Große verbrannte jegliche Hoffnung auf Rettung. Der Fluchtweg war zerstört, jetzt half nur mehr die Flucht nach vorn. Sie kämpften, weil es keine andere Option mehr gab: Sieg oder Tod. Die Entscheidung musste unweigerlich fallen.

Doch auch aufseiten der persischen Heere führte es zu einem Umdenken. Diese waren nämlich allzu sicher gewesen, dass es aufgrund ihrer zahlenmäßigen Überlegenheit gar nicht erst zum Kampf kommen würde. Wer war denn bitte dumm oder wahnsinnig genug, anzugreifen, wenn er dermaßen unterlegen war? Das Niederbrennen der eigenen Schiffe brachte die Perser ins Zweifeln. Ob Alexander wirklich nur mit diesem Heer angriff oder ob es noch weitere Heere gab, die sich heimlich, still und leise über die Flanken anpirschten?

Lieber nichts riskieren. Deshalb schickten die Perser Soldatenformationen an die Flanken. Wenn jemand seine eigenen Schiffe abfackelt, muss er sich ziemlich sicher sein, dass er den Kampf gewinnen wird. Dieser Gedanke verunsicherte die übrig gebliebenen Kämpfer zunehmend, deren Überlegenheit empfindlich geschrumpft war, schließlich mussten sie ihre Flanken absichern. Das Verhältnis verschob sich schnell zugunsten der Armee von Alexander dem Großen.

Auf der persischen Seite herrschte tiefe Verunsicherung und auf der anderen Seite regierte der pure Überlebensdruck. Wer würde hier wohl gewinnen? Aufgrund solcher Strategien eilte Alexanders Armee ein Ruf der Unbezwingbarkeit voraus, was zusätzlich für Unsicherheit beim Gegner sorgte. Zum Schluss dann doch eine angenehme Ausgangsposition für Alexander.

Die Lehren aus dieser Geschichte

Diese Geschichte lehrt uns spannende Dinge für unser Business und unser Privatleben:

1. Wenn wir den Fokus auf zu viele Dinge gleichzeitig legen (Kampf und Flucht), dann ist die Entscheidung nicht endgültig. Wenn wir uns nicht auf ein Business konzentrieren, sondern fünf weitere Geschäftsmöglichkeiten gleichzeitig ausprobieren, wird der Erfolg in allen Bereichen überschaubar sein. Schlussendlich wird man alle Projekte hinwerfen und die Selbstständigkeit für immer aus dem eigenen Vokabular streichen.

2. Die Geschichte zeigt darüber hinaus – wenn auch sehr überspitzt –, dass hin und wieder einfach eine gewisse Form von Risiko genommen werden muss, wenn man Dinge erreichen will.

Gut, im Geschäftsleben geht es selten um Leben oder Tod, doch es geht um Scheitern oder Erfolg. Das muss nicht immer mit Geld zu tun haben. Glücklicherweise gibt es in der heutigen Zeit verdammt viele Wege, wie wir völlig kostenlos auf uns aufmerksam machen können, wofür man noch vor wenigen Jahren Tausende von Euro auf den Tisch hätte legen müssen.

Ja, ich spreche auch vom Risiko, sich zum Idioten zu machen. Ich spreche vom Risiko, nicht richtig zu liegen. Ich spreche vom Risiko, anders zu sein und zu denken als die Masse. Im Leben ist sowieso nichts sicher, selbst wenn wir es gerne glauben würden. Jeder kann morgen seinen Job und oder seine Frau verlieren. Alles ist möglich. Und weil dies so ist, versuche ich, wenigstens mein Leben, soweit es eben geht, selbst zu gestalten.

3. Dieser dritte Punkt hat viel mit dem erstgenannten Punkt gemeinsam. Die eben erzählte Geschichte zeigt, dass wir endgültige Entscheidungen treffen müssen, wenn wir nachhaltigen Erfolg erzielen möchten. Das Problem ist, dass sich viele Menschen schwertun, sich selbst und ihrer Umwelt gegenüber verbindlich zu sein. Die Masse hat vor den Konsequenzen ihrer Entscheidungen Angst. Wenn sie heiraten, haben sie Angst, etwas anderes zu verpassen. Wenn sie sich für die eine Geschäftsidee entscheiden, haben sie Angst, eine lukrativere ausschlagen zu müssen. Solch ein Denken blockiert jedoch. Um unsere volle Power zu entfalten, sollten wir alle Alternativen eliminieren. Nur Plan A zählt. Es gibt keinen Plan B, außer es ist Plan A.

4. Mit dem Bild der verbrannten Boote können allerdings auch Erfahrungen gemeint sein, die wir oder andere mit

einem gewissen Thema gemacht haben. Wenn ein Familienmitglied von uns schon einmal unternehmerischen Schiffbruch erlitten hat, wird die Person uns wohl kaum empfehlen, ein Unternehmen aufzubauen.

Wenn wir die Erfahrung gemacht haben, ein schlechter Verkäufer zu sein, weil wir bis dato kaum Produkte an den Mann oder die Frau gebracht haben, wird es uns vielleicht schwerfallen, andere Dinge zu verkaufen.

Die Vergangenheit wird völlig überbewertet. Was kann ich mir davon kaufen? Sie macht uns nicht zu dem Menschen, der wir sind und sein werden. Sie versucht es, aber wir selbst haben es in jeder Sekunde in der Hand, was wir aus uns machen, nicht unsere Vergangenheit. Das Gleiche gilt für die Vergangenheit anderer, die ebenso wenig Einfluss auf unser Leben haben sollte. Wir müssen all die Gedanken (Boote) verbrennen, die uns einreden, dass wir schlecht sind. Das ist absoluter Bullshit. Wir bauen uns einfach neue Boote, die uns sagen, was für großartige und liebevolle Menschen wir sind.

Limitierende Glaubenssätze gehören verbrannt. Erst, wenn wir uns von denen lösen, können wir in die richtige Richtung segeln. Gute Fahrt!

Lebenslanges Wachstum

Unser persönliches Wachstum, unsere Weiterentwicklung folgt keiner festgelegten Zeit. Man kann nicht sagen: »So, jetzt ist Schluss, ich wäre dann mal fertig mit meiner Entwicklung!« Das konnte man sich vielleicht noch vor einigen Jahrzehnten leisten, doch in einer Gesellschaft, in der lebenslanges Lernen angesagt ist, wäre dies gar nicht umsetzbar.

Man sollte niemals aufhören, dem eigenen Umfeld offen und neugierig zu begegnen. Ich nenne es Lebensqualität, wenn wir uns für andere Dinge, Menschen und nicht zuletzt uns selbst interessieren. Man kann gar nie genug über sich selbst lernen, selbst wenn wir 1000 Jahre alt werden würden, gäbe es noch immer etwas Neues zu lernen und über uns zu erfahren. Schließlich entwickelt sich das Umfeld immer weiter und es ergeben sich fortwährend neue Optionen.

Stellen wir uns einmal einen Baum vor. Wie viele Jahre benötigt dieser, um groß und stark zu werden? Dieser wunderschöne, riesengroße Baum hat auch einmal ganz klein begonnen, nämlich als Samen. Ich sehe in jedem Menschen – egal wie viel Geld er hat oder ob er gerade einen Job ausübt, der in der Gesellschaft angesehen ist – einen riesengroßen Baum. Aus uns kann alles werden, wenn wir daran glauben, es zulassen und am eigenen Wachstum arbeiten. Wenn dieser Baum jedoch aufhört zu wachsen, dann fängt damit sein Sterbeprozess an. Daher sollten wir immer danach trachten, für unser persönliches Wachstum zu sorgen. Es heißt nicht umsonst: »Stillstand ist der Tod.«

Manchmal sehe ich alte Freunde von mir nach Jahren wieder und es erstaunt mich oft, dass sie immer noch haargenau dieselben Personen sind wie damals. Es werden dieselben Gespräche geführt, in denen sich über dieselben Themen auf die gleiche Art und Weise »hergemacht« wird:

- Scheiß Job! Scheiß Chef! Bekomme viel zu wenig Kohle für die blöde Arbeit!

- Wie geil war bitte die Party am Wochenende? Ich habe einen neuen Saufrekord aufgestellt und jede Menge Mädels klargemacht.

- Hast Du auch das letzte Spiel zwischen Dortmund und München gesehen?

Aber das kann doch nicht schon alles gewesen sein! Klar, das eine oder andere Thema interessiert auch mich, aber Fragen nach dem Sinn des Lebens oder tiefgründigere Unterhaltungen sind nicht möglich, da es in den letzten Jahren keinerlei persönliches Wachstum bei ihnen gab. Die meisten wollen es auch gar nicht, da es ja bequem ist in der sogenannten Komfortzone. Da weiß man am Ende immer, was man bekommt.

Es sind unsere Gewohnheiten, die für unsere Lebensqualität verantwortlich sind. Man selbst bemerkt oft nicht, dass man sich weiterentwickelt hat. Unser Umfeld wird es merken. Mit unserer persönlichen Veränderung kommt es gleichzeitig zu einer Veränderung des Umfelds. Persönliche Weiterentwicklung ist eine grandiose Reise zu sich selbst. Man lernt viele neue Facetten an sich selbst kennen. Man lernt, ganz anders mit Problemen umzugehen, egal was das Ziel oder die Herausforderungen auch sein mögen.

Ich kann zeigen, wie man auf Social Media erfolgreicher wird, doch ohne persönliches Wachstum wird niemand am Ball bleiben, deshalb fokussiere ich mich auf ein gewinnbringendes Mindset. Nur dieses »trägt« uns zum Ziel.

Haben wir jedoch ein nicht förderliches Mindset, werden wir uns wie ein Fähnchen im Wind drehen und aufgeben, sobald er uns ins Gesicht bläst. Doch es geht nicht um den Wind um uns herum, sondern um unser inneres Feuer, welches in uns brennt und nach Umsetzung schreit, egal, wie die Umstände sind. Diese können sich immer ändern, doch der innere Antrieb muss bestehen bleiben und Widerstand leisten.

Persönliche Weiterentwicklung sorgt dafür, dass wir an uns selbst glauben, wenn kein anderer Mensch dies mehr zu tun scheint. Wir haben nur ein Asset, das wirklich viel wert ist: uns selbst. Dieses beschert die schönsten Renditen, nur muss es eben auch »gefüttert« werden.

Gleichzeitig möchte ich an dieser Stelle eine ernst gemeinte Warnung aussprechen: Wenn wir uns für unser eigenes Wachstum entschieden haben, wird es kein Zurück mehr geben. Wir werden unbewusst immer wieder die Leiter hinter uns wegstoßen, die uns auf die jetzige Höhe gebracht hat, oder wir werden eben unsere Schiffe verbrennen, die uns zum jetzigen Punkt gebracht haben.

Wir alle haben es verdient, die beste Version unseres Lebens zu sein.

Aufbau der Persönlichkeitsmarke

Wenn man von einer Marke spricht, dann kommen uns automatisch Begriffe wie Coca-Cola, Apple, Nike und Co. in den Kopf. Das ist natürlich kein Zufall, sondern das Ergebnis eines äußerst guten Markenaufbaus. Diese Marken sind weit über jegliche Landesgrenzen hinaus bekannt. Manche davon sind bis in die letzten Winkel der Welt vorgedrungen. Was für Unternehmensmarken gilt, gilt in ähnlicher Form auch für Personenmarken. Hier wären Menschen aus Film und Fernsehen zu nennen, aber auch die Musik- und Sportindustrie ist prädestiniert dafür. Da fallen mir Namen ein wie Madonna, Leonardo DiCaprio oder Muhammad Ali.

Es gibt jedoch einen großen Unterschied zu den Personenmarken, die ich hier genannt habe, und den Personenmarken, die heute aus völlig neuen Bereichen kommen. Ursprünglich wurden Menschen automatisch zu Marken, wenn sie in ihrem Bereich außergewöhnliche Leistungen an den Tag legten: das Management hinter den Musikern, das sich darum gekümmert hat, dass die Konzerthallen voll wurden und die CDs in den Charts gelandet sind; der bekannte Box-Promoter, Don King, der die höchstdatierten Boxkämpfe organisierte; oder die Filmproduzenten, die mit Schauspielern dafür gesorgt haben, dass die Kinokassen prall gefüllt wurden.

Diese Marken mussten etwas Großartiges leisten, um aus der großen Masse herauszustechen. Dieselben erfolgreichen Menschen aus denselben Industriezweigen haben jedoch das Thema Personenmarke neu definiert. Wo früher fast ausschließlich die Oscargewinner für Geschrei auf dem roten Teppich gesorgt haben oder die Backstreet Boys für regelrechte Ohnmachtsanfälle bei Teenagern verantwortlich waren, sind es heute normale Jungs und Mädels von Facebook, Instagram und YouTube.

Erfolgreiche Fußballer sind nicht länger nur Sportler. Sie sind zu wahren Superstars mutiert, weil sie sich über die sozialen Medien perfekt inszenieren. Nehmen wir mal das Beispiel Cristiano Ronaldo. Er ist ein grandioser Fußballer, der mit seinem Fußballspiel viel Geld verdient. Aber ein Vielfaches seines Fußballerhonorars verdient er mit seinem Namen, weil er sich zu einer wahnsinnig starken Marke entwickelt hat. Sogar sein Torjubel ist zu einem seiner Markenzeichen geworden, den jeder Fünfjährige auf jedem Bolzplatz nachmachen kann. Wir können uns vorstellen, zu welchem Shirt ebendieses Kind im Sportgeschäft greifen wird. Und dann ist es auch nicht nur das eine Kind oder ein paar Tausend Kinder, die das machen, sondern Millionen. Seine Marke, CR7, die eine Abkürzung für Cristiano Ronaldo mit der Rückennummer 7 ist, macht mittlerweile durch den Verkauf seiner Merchandisingprodukte Umsätze von mehreren Millionen Euro.

Was macht also den Mythos Ronaldo aus? Er nutzt einfach die sozialen Medien zu seinen Gunsten. Ronaldo gibt Einblicke in sein Leben mittels Facebook-Live und Instagram. Er kommuniziert direkt mit seinen Fans, die das Fundament seiner Markenbildung darstellen. Das schafft Nähe und Vertrautheit. Es ist fast so, als würde er mit uns direkt kommunizieren. Wir lernen mehrere Facetten kennen und das macht ihn menschlich. Nachdem wir gerne von Menschen kaufen, ein durchaus kluger Schachzug.

Er ist nicht der einzige Fußballer, der dies tut. Auch deutsche Fußballspieler bauen in ähnlicher Art und Weise ihre eigenen Personenmarken auf, weil sie sehen, dass es funktioniert und es für die eigene Karriere wichtig ist. Ein Blick auf deren Social-Media-Accounts reicht da aus, um das zu erkennen. Darüber hinaus gehen gesamte Fußballvereine mittlerweile ähnliche Wege. Zum Beispiel die Mannschaft Manchester City, die eine eigene Dokumentationsreihe, gemeinsam mit Amazon, ins Leben gerufen hat. In zehn Folgen werden die Hintergründe ihres Wegs zum Meistertitel beleuchtet. Ein Blick hinter die Kabinen und in die Köpfe der Spieler. Das Ziel von Manchester City ist klar: Einerseits möchten sie ihre treuen Fans mit diesen Blicken hinter die Kulissen belohnen und andererseits möchten sie neue Fans ins Boot holen, indem sie sich für die Außenwelt öffnen.

Was aber noch viel Interessanter für uns ist: Mittlerweile sorgen sogar Unternehmensgründer für Liveauftritte auf den sozialen Medien. Warum? Weil dieses Medienformat für die unternehmerische und persönliche Wahrnehmung nicht mehr wegzudenken ist. Ich gehe sogar noch einen Schritt weiter: Beide Komponenten verschmelzen immer mehr. Sie nehmen ihre eigenen Kunden mit auf eine wunderbare Reise und lassen sie auch teilhaben an der Entwicklung der eigenen Produkte. Private Einblicke machen das Ganze noch einen Touch exklusiver und glaubwürdiger.

Gab es erfolgreiche Unternehmer auch schon vor den sozialen Medien? Ja, natürlich, nur kannte die Masse kaum die Personen hinter den Produkten, die sie tagtäglich nutzten. Heute gibt es eine direktere Form der Kommunikation.

Warum erzähle ich das alles? Weil ich dazu inspirieren will, an der eigenen Personenmarke zu arbeiten, so wie ich es getan habe. Der Aufbau einer Personenmarke, mithilfe der sozialen Medien, ist enorm wichtig für den beruflichen Erfolg. Ich gehe sogar noch weiter und behaupte: Es ist enorm wichtig für das berufliche Überleben, unabhängig davon, ob man aktuell Angestellter oder Unternehmer ist oder ob man erst später vorhat, sich selbstständig zu machen.

Eine eigene Personenmarke aufzubauen, ist – nach dem Faktor der Persönlichkeitsentwicklung – der wichtigste Punkt, um aus einer Leidenschaft im Internet Geld machen zu können. Daran führt kein Weg vorbei. Ich will Dir nichts vormachen, denn wenn Du nicht an Deiner eigenen Marke arbeitest, wirst Du langfristig scheitern. Triffst Du die Entscheidung, loszulegen, dann wirst Du erfolgreich sein. Es geht nur ums Machen. So einfach ist das.

Und jetzt gebe ich Dir die absolute Waffe an die Hand, so dass Du es hundertprozentig schaffen wirst, ohne dass Dich einer kopieren kann. Bist Du bereit für das Geheimnis, für Deinen ultimativen Schlüssel, der Dir alle Türen öffnet? Für den Heiligen Gral?

Ok, dann verrate ich es: Sei Du selbst! Das hört sich so einfach an, doch ist es für viele eine fast unüberwindbare Hürde geworden. Denn um dies zu schaffen muss man wissen, wer man eigentlich ist und wofür man steht. Schon mal darüber nachgedacht? Wenn man das selbst nicht weiß, wie sollen andere es dann wissen? Wie soll man etwas vermitteln, von dem man selbst keine Ahnung hat? Wenn jedoch die eigenen Inhalte authentisch sind, weil sie den eigenen Werten und der Persönlichkeit entsprechen, kann einen niemand aufhalten. Wie geil ist das denn? Du machst, was Dir Freude bereitet, und verdienst einen Haufen Kohle damit.

Wenn Lego Deine Leidenschaft ist, dann kannst Du den ganzen Tag darüber reden – wie mein Freund Luca. Luca hat vor knapp sechs Jahren eine Facebook-Gruppe gegründet: die »LEGO D.I.Y – However you do it« mit mittlerweile fast 5 000 Mitgliedern. Durch diese Gruppengründung hat sich eine Dynamik entwickelt. Plötzlich konnte man sich mit der ganzen Welt über das eigene Lieblingshobby Lego austauschen. Tipps und Tricks werden dort kommuniziert:

- wo man am besten und günstigsten Legosteine einkauft oder den besten Preis für sie erzielt,

- wie man das Lego reinigt und am klügsten aufbewahrt,

- welche Steine in der Szene besonders begehrt sind,

- und viele weitere Themen.

Darüber hinaus werden die eigenen Kreationen aus allen erdenklichen Winkeln fotografiert und der Community stolz zur Schau gestellt. Sogar ganze Legovereine organisieren sich über diese Gruppe. Luca hat sich aber auf eine spezielle Art Lego spezialisiert, weil es seine Leidenschaft ist: Science-Fiction-Nachbauten aus bekannten Manga-Anime-Filmen. Er könnte stundenlang darüber sprechen, ohne dass ihm die Themen ausgingen. Damit hat er sich in der Szene eine Personenmarke aufgebaut.

Dies führte nicht nur dazu, dass Bestellungen der Gruppenmitglieder über ihn laufen, sondern auch, dass Messeveranstalter direkt mit ihm Kontakt aufnehmen, wenn sie seine eigens kreierten Legobauten ausstellen möchten. Das zahlt sich natürlich für seine Personenmarke aus. All das nur Dank Social Media. Luca macht nichts anderes, als seiner Leidenschaft zu folgen und sich mit anderen Menschen darüber auszutauschen. So ein Erfolg wäre auf eBay niemals möglich gewesen, denn für eine erfolgreiche Selbstinszenierung ist es nicht geeignet. Da geht es nur um Kauf oder Verkauf.

Im Markenaufbau geht es immer darum, die Aufmerksamkeit zu steigern, und die logische Schlussfolgerung davon ist früher oder später ein entsprechender Umsatz.

Die Marke namens Selbst

Viele Menschen, die heute aufgrund ihrer Reichweite in den sozialen Medien Influencer genannt werden, haben sich als Personenmarken inszeniert. Früher musste man seine Marke über Fernsehen, Radio und Hochglanzmagazine aufbauen. Abgesehen davon, dass man viel Geld dafür benötigte, hätte dieses Vorgehen auf die junge Generation kaum mehr einen Einfluss. Diese bewegt sich hauptsächlich online und dort muss sie auch angesprochen werden. Nirgendwo sonst.

Das Schöne an den Möglichkeiten der sozialen Medien: Wir müssen niemanden mehr um Erlaubnis oder Unterstützung bitten, wir müssen heute bei keiner Produktionsfirma mehr betteln. Wir gründen einfach unsere eigene Show auf Facebook und YouTube, wodurch wir bei unserem Publikum eine unnachahmliche Personenmarke werden können, weil wir die Menschen dort erreichen, wo sie sich die meiste Zeit aufhalten. Wenn ich unterwegs bin, sehe ich immer weniger Menschen Zeitung lesen, stattdessen starren sie in ihre Smartphones. Ich sehe sie nicht mehr vor Plakaten stehen und die schön gemachte Werbung begutachten. Diese Zeiten sind vorbei. Menschen treten nun mit Menschen in Kontakt – jede freie Minute. Und dies tun sie hauptsächlich über die sozialen Medien. Logisch, dass diese Werbeform immer interessanter wird.

Genau auf diese Weise habe auch ich es gemacht und bin erfolgreich damit geworden. Ich habe viel Zeit in den Aufbau meiner Personenmarke gesteckt, weil ich weiß, was es mir bisher gebracht hat und vor allem, welche Chancen für uns alle noch bereitstehen. Die Spielregeln haben sich zu unseren Gunsten verändert.

Alles, was ich dafür machen musste, war, meine Inhalte in Video, Bild und Ton in die weite Welt zu ballern und ein einziges Zauberwort zu beherzigen: Authentizität. Ich habe mich nie verstellt, keine Sekunde. Das hätten die Zuschauer gemerkt und es hätte mich gleichzeitig viel Energie gekostet, was das Ganze wiederum anstrengend gemacht hätte. Da hätte ich gleich beim Braten von Burgern bleiben können.

Egal wo ich bin, ich habe mein Smartphone dabei. Im Flieger, im Taxi, beim Essen, im Urlaub und wenn ich der Meinung bin, dass ich in dem Moment etwas Wichtiges zu sagen habe, zu den Themen Geld, Erfolg oder Social Media, dann mache ich das auch sofort. Ich nehme an, Du hast Dein Smartphone genauso oft an Deinem Körper wie ich meins. Ich jedoch nutze es zum Geldverdienen, weshalb also Du nicht auch?

Ja, ich polarisiere und ich schlage manchmal auch über die Stränge, das gebe ich gerne an dieser Stelle zu, aber weißt Du was? Nur, weil ich bin, wie ich bin, bin ich überhaupt so weit gekommen. Ich habe mir eine hammergeile Community aufgebaut und ohne diese Community wäre ich nicht da, wo ich heute bin. Ich bin allen da draußen unendlich dankbar. Denn sobald jemand auf der einen Seite etwas zu erzählen hat, gibt es jemanden auf der anderen Seite, der es auch konsumiert. Es gibt sehr viele Menschen da draußen, die auf uns warten und die uns so lieben werden, wie wir sind. Beginne also auch Du mit dem Aufbau Deiner Marke. Auf den richtigen Moment hast Du bis dato vergeblich gewartet. Mach einfach diesen Moment zum richtigen und geh los. Niemand kann Dich aufhalten – außer Du selbst!

Das eigene Medienimperium

Wir haben unsere Munition noch lange nicht verschossen. Jetzt wollen wir mal so richtig groß denken. Ich bin der festen Überzeugung, dass weitaus mehr Ideen daran scheitern, weil sie zu klein gedacht wurden, als dass sie daran scheitern, dass sie zu groß gedacht wurden. Das Kleinhalten der eigenen Ideen setzt nicht genug Power frei, um die selbst gesteckten Ziele zu erreichen oder sie gar übertreffen zu können. Deshalb klotzen wir an dieser Stelle mal und das Kleckern überlassen wir anderen Marktteilnehmern.

Was hindert uns eigentlich daran, ein Promi zu werden? Mit Promi meine ich hier nicht, so berühmt zu werden wie Günther Jauch oder Mike Tyson. Wenn ich von Promi spreche, dann meine ich das Dominieren der eigenen Nische und die Tatsache, dass die Zielgruppe, die wir anvisieren, unseren Namen kennt. Menschen mit einem Promistatus verkaufen – das sehen wir an den Influencern, die die neuen Promis des 21. Jahrhunderts sind. So komisch sich das jetzt auch vielleicht liest, aber wenn die Leute ständig mit unserer Botschaft, unserem Gesicht und vor allem unserem Namen konfrontiert werden, bleiben wir nachhaltig in Erinnerung. Der stete Tropfen höhlt bekanntlich auch den härtesten Stein.

Ich spreche davon, eine eigene Show zu gründen. Man braucht weder bei RTL, Sat 1 noch ProSieben anklopfen. Jeder von uns kann eine eigene Social-Media-Show auf Facebook oder YouTube gründen. Ich würde jedem empfehlen, den eigenen Namen wieder und wieder ins Spiel zu bringen. Beispiel: *Die Samer Mohamad Show*, *Alexander Klartext TV*, *Melanies Daily News*. Einmal die Woche zu einer festen Zeit zu senden, sollte drin sein.

Gefüllt sollten diese Shows mit Themen werden, die die Zielgruppe bewegen, bei denen die Menschen sich schon am Vortag darauf freuen, dass wir diese in unserem Format behandeln. Wir bieten damit eine feste Struktur, fast so wie beim klassischen Fernsehen. Natürlich kann man immer wieder spontan Dinge nach außen tragen, doch dies widerspricht einem regelmäßigen Rhythmus in keiner Weise. Man kann und soll beides machen. Das Ziel ist, Aufmerksamkeit zu erregen und sich Stück für Stück tiefer ins Unterbewusstsein der eigenen Zielgruppe zu bohren.

Es ist nicht nur von Vorteil für die Zuschauer, wenn fixe Sendezeiten angegeben werden. Auch uns liefert dieses Vorgehen eine feste Struktur, an der wir uns festhalten und ausrichten können. Man kann so die Themen für die nächsten vier Wochen schon mal planen und läuft nicht Gefahr, dass die Ideen ausgehen.

Recherchiert man nach den Personen, die bereits in einer ähnlichen Nische erfolgreich unterwegs sind, kann man diese über die sozialen Medien anschreiben und fragen, ob diese sich für ein Interview auf dem neuen Kanal zur Verfügung stellen würden. Mittlerweile ist es ja sehr einfach, gemeinsam auf Facebook oder Instagram live zu gehen. Was bedeutet das? Wenn man selbst live geht, kann man sich jemanden aus der Freundesliste dazu holen. Man profitiert so von der Reichweite beider Personen, was die jeweiligen Personenmarken wiederum bekannter macht. Solch ein lockerer Talk über ein bestimmtes Thema ist somit eine Win-win-Situation für alle Teilnehmer.

Videos sind eine Waffe, die eine immer größere Rolle für den Aufbau eines Brandings spielt. In der Wahrnehmung der Zuschauer ist es mittlerweile beinahe völlig egal, ob man jemanden im TV oder in den sozialen Medien sieht. Wie komme ich zu einer solchen Aussage? Wenn ich Seminare, Messen oder Kongresse besuche, sprechen mich unzählige Menschen an, stellen Fragen und wollen ein gemeinsames Foto mit mir. Manchmal komme ich mir wie ein kleiner TV-Star vor, ohne jemals im Fernsehen gewesen zu sein. Okay, vor zig Jahren war ich einmal in einer Talkshow zu Gast, aber daran kann ich mich selbst kaum mehr erinnern. Meine Bekanntheit rührt einzig und allein von meinen Auftritten in den sozialen Medien.

Um die Zielgruppe weiter auszubauen und weiteren Content zu liefern, sollte man sich ernsthafte Gedanken darüber machen, ob man einen Podcast startet. Ich selbst höre gerne Podcasts und einer Stimme im Auto (übers Handy angeschlossen) zuzuhören, findet seinen Weg ins Unterbewusstsein des Zuhörers. Wir kennen dieses Phänomen aus Hörbüchern, die immer noch populär sind, nicht ohne Grund. Ein eigener Podcast ist wie eine eigene Radiosendung – mit weit weniger Aufwand. Ein gutes Mikro, eine günstige Aufnahmesoftware und schon ist der Podcast für Millionen von Nutzern abrufbar.

Alle diese kostenlosen Besucherströme bringen nicht nur Pluspunkte für den Markenaufbau, sondern bauen Vertrauen zur Personenmarke auf. Wurde das Vertrauen durch den kostenlosen Inhalt mehrere Male bestätigt, kann man dazu übergehen, die eigenen Produkte anzupreisen oder das Angebot für einen kostenlosen Strategie-Call zu unterbreiten. Ich frage mich jeden Tag, warum kaum jemand diese Chancen nutzt.

Mundpropaganda par excellence

Ich kann mir sehr gut vorstellen, wie sich das Geflüster damals angehört haben muss, als ich gescheitert bin oder als ich von meinen Ideen für die Selbstständigkeit erzählt habe. Oft nennen wir es »Stille Post«, Gerüchteküche, Mundpropaganda oder Ähnliches.

Menschen erzählen gerne anderen Menschen etwas, weil wir von Natur aus kommunikative Wesen sind und grundsätzlich gerne reden. Diese Form der Kommunikation hat positive und negative Auswirkungen, je nach Kontext. Wenn gute Dinge schnell weitererzählt werden, ist das etwas durchaus Positives. Leider verbreiten sich schlechte Nachrichten mindestens genauso schnell, eher sogar schneller. Dieses Phänomen hat wohl leider jeder schon einmal am eigenen Leib zu spüren bekommen.

Während meiner Scheiterphase hatten die Dinge, die hinter meinem Rücken geredet wurden, negative Auswirkungen. Es benötigte nur ein paar Tage, bis mein gesamter Freundeskreis genauestens darüber informiert war, was mir passiert war. Teilweise dichteten sie zusätzliche Dinge hinzu, auch das ist ein spannendes Phänomen, das wir spätestens seit den »Stille-Post-Spielen« im Kindergarten kennen.

Heute benötigt es nur mehr einen Klick, und Tausende oder sogar Millionen von Menschen sehen und hören, was ich ihnen zu sagen habe. Dank der sozialen Medien können Millionen Menschen da draußen, inklusive mir, nun endlich Gehör und Anklang finden.

Wenn wir jetzt wirklich Fleiß und Ausdauer an den Tag legen, hart arbeiten und den Menschen Mehrwerte liefern, werden wir genau diese Mundpropaganda für uns nutzen können und das auf einem noch nie da gewesenen Level. Ein Klick von einem Fan auf den Button »Teilen«, ein YouTube-Link von uns, der von einem unserer Fans auf seinem Social-Media-Profil geteilt wird und auf einem Schlag kriegen das all seine Freunde und Abonnenten mit. Unsere Community, jeder einzelne Fan, kann zu unserem Werbebotschafter mutieren. Sensationell, oder?

Die Funktionen, die uns die sozialen Medien mit Likes, Kommentaren und Teilen von Inhalten zur Verfügung stellen, sind genau darauf ausgelegt, mit anderen in Kontakt zu treten, mit anderen zu kommunizieren, Mundpropaganda zu betreiben. Soziale Medien leben schlussendlich vom Austausch, sonst wären es ja asoziale Medien.

Wir können nun unsere verbrannte Pizza posten, die zu lange im Ofen der Pizzeria unseres Vertrauens gelassen wurde, und das wird sich negativ auf den Ruf des Unternehmens auswirken. Genauso können wir einen wunderbar zubereiteten Burger unseres Lieblingsmexikaners posten und wir sorgen damit dafür, dass mehr Menschen dieses Lokal besuchen. Genauso können wir unsere Meinung zum Besten geben über alltägliche Dinge, die Politik oder was auch immer. Es gibt da keinerlei thematische Eingrenzungen.

Je mehr Arbeit und Leidenschaft wir dafür entwickeln, mit dem Blick auf den Mehrwert für unsere Community, desto erfolgreicher werden wir sein. Sei es über unsere Onlinekurse oder unsere speziellen Dienstleistungen. Dieser Faktor darf nie unterschätzt werden. Wenn wir es als unsere Leidenschaft identifizieren, dann wird es keine Arbeit für uns darstellen, bis morgens um drei Uhr auch mal Inhalte am Laptop oder am Smartphone zu produzieren. Wir verzichten dann bereitwillig auf unsere Serien im Fernsehen, um an unserer Eigenmarke zu arbeiten, weil wir wirklich alles daransetzen, unser Business nach vorne zu bringen.

Im Hustle-Modus

Arnold Schwarzenegger hat dies kürzlich in einem seiner Vorträge deutlich gemacht. Er wurde immer wieder darauf angesprochen, dass er nach zehn Stunden Arbeit immer noch Zeit für vier Stunden Training im Fitnesscenter hatte. Doch damit nicht genug. Obwohl er trainierte wie ein Tier, hatte er dabei immer ein Lächeln auf den Lippen, egal wie schwer die Gewichte auch waren, die er zu heben hatte. Die Leute fragten ihn, wieso er so glücklich zu sein schien.

Arnold meinte, dass jedes Gewicht, dass er in die Höhe stemme, ihn näher an sein Ziel bringe. Jedes Gewicht sorge dafür, dass er aus seinen Muskeln das Maximum heraushole und seinem Traum, Mr. Universe zu werden (oder zu bleiben), stetig näherkäme. Jede Übung war ein klitzekleines Puzzlestück für seinen Erfolg. Sehr beeindruckend, diese Einstellung, wie ich finde. Ich garantiere also, dass sich Geduld und Beharrlichkeit in jedem Fall auszahlen werden.

Auf manchen Konferenzen, auf denen ich spreche, stelle ich mich in den Pausen den Fragen einiger Gäste. Über 85 Prozent von ihnen jammern tatsächlich und sagen zu mir: »Samer, Du sprichst in Deinen Videos immer wieder vom ›Hustle-Modus‹, dem harten Arbeiten. Ich reiße mir wirklich den Hintern auf und gebe mein Bestes, aber es hat sich nichts in meinem Business bewegt!«

Wenn ich diese Personen frage, wie lange sie schon im Hustle-Modus seien, dann kommt die Antwort: »Ein paar Wochen.« Solche Antworten sollten mich nicht mehr schockieren, nachdem ich sie wirklich schon oft gehört habe, aber es trifft mich doch immer wieder. Man baut doch nicht ein erfolgreiches Unternehmen in neun Wochen auf. Das geht über Jahre oder Jahrzehnte. Klar, können wir schnelle Treffer landen, doch langfristig auf dem Thron zu bleiben, ist etwas ganz anderes. Wir können auch in kurzer Zeit viel bewegen, doch wir werden nach wenigen Wochen wahrscheinlich noch nicht unsere Badewannen mit 500-Euro-Scheinen füllen können.

Die Menschen überhören gerne einige Sätze von mir, weil sie sie nicht hören wollen. Die Menschen um mich herum haben sich ihr Maul zerrissen, als ich ihnen sagte, dass ich Social-Media-Unternehmer werden will und auf die Bühne möchte, um Menschen zu inspirieren.

Weißt Du, weshalb ich es geschafft habe und es immer noch meine höchste Tugend ist? Ich verrate es Dir: meine Geduld und meine Beharrlichkeit! Such Dir nicht einfach nur eine Nische heraus, weil sie Dir lukrativ erscheint. Das sorgt im besten Fall nur für kurze Erfolge. Sondern such Dir eine Nische, für die Du eine wahre Leidenschaft empfindest. Wenn Du Dich hundertprozentig damit identifizierst, wirst Du Deine Beharrlichkeit nicht verlieren und ein verdammter Superstar mit Deiner Marke. Ich glaube fest an Dich! Denk dran, viele Menschen werden Dich verachten dafür, dass Du durchgehalten hast, aber weitaus mehr werden Dich genau dafür lieben.

Likes sind Monopolygeld

Immer wieder höre ich, dass ein »Like« auf Facebook nichts wert sei. Das stimmt oberflächlich betrachtet auch. Wir können in kein Geschäft gehen und mit unseren Likes Dinge kaufen, die uns gefallen. Wir können unsere Kinder nicht dadurch ernähren oder unsere Miete bezahlen, indem wir auf den sozialen Medien Zustimmung erreichen. Kurzum – der Erfolg unseres Business ist nicht anhand der »Likes« auf unserem Profil erkennbar.

Manche weiblichen Coaches rufen mich an und wollen Tipps und Tricks zu ihrem Account. Dort sehe ich, dass sie viele »Likes« bekommen, aber anscheinend eher für ihre weiblichen Vorzüge. Gebucht werden sie wenig und an dieser Stelle bewahrheitet es sich, dass man von Likes allein nicht überleben kann. Was nützt es, wenn Du für Deine Kurven digitalen Applaus erntest, aber Deine Rechnungen in der Realität nicht zahlen kannst?

Und an diesem Punkt ist ein Like in der Tat nicht einmal so viel wert wie Monopolygeld. Denn damit kann man zumindest Immobilien innerhalb des Spiels kaufen und eventuell als Sieger hervorgehen. Nicht mal das geht mit dem Facebook-Applaus. Dennoch ergibt es Sinn, für Likes und Interaktion zu sorgen, wenn ein Business aufgebaut werden soll. Jedes Like »kann« uns näher zu einer Marke führen. Ich schreibe hier dennoch ganz bewusst »kann«, weil es eben nicht sicher ist.

Wie ich immer wieder bei den weiblichen Coaches und Networkerinnen sehe, gehen die Anzahl der Likes und der Erfolg nicht immer Hand in Hand. Wenn man sich als Sexualobjekt darstellt, darf man sich nicht wundern, wenn man eine dementsprechende Qualität von Likes erhält. Die Versuchung ist natürlich groß, weil man dadurch sehr schnell organische Reichweite aufbaut. Je nachdem, wie schön man anzusehen ist. Und natürlich kann diese Strategie auch sinnvoll sein, wenn frau zum Beispiel im Fitnessbereich ist und ihren Körper als Ergebnis der Produkte »verkauft«.

Sex sells! Dieser Spruch kam schon ein paar Mal vor. Doch eigentlich stimmt er nicht, zumindest nicht auf den sozialen Medien. Sexualität sorgt für Aufmerksamkeit, aber nicht zwingenderweise für mehr Umsatz. Einer meiner Facebook-Kontakte hat dies sehr schön mit einem Posting auf den Punkt gebracht: »Die Herausforderung für Männer auf Facebook lässt sich in drei Worten beschreiben: Reichweite ohne Titten!« Damit hat er leider recht. Doch auch für die Frauen kann sich dies als Fluch herausstellen. Sie können nie sicher sein, ob die »Likes« ehrlich sind und Kaufinteresse signalisieren, oder ob die Damen nur auf ihr Äußeres reduziert werden.

Bei Männern verhält es sich etwas anders. Diese begehen oftmals den Fehler, ihren Status zu übertreiben. Dann lassen sie sich vor den schönsten und teuersten Autos ablichten oder auf einer Yacht Richtung Sonnenuntergang segelnd. Dies soll ihren Erfolg dokumentieren. Der Satz »Fake it till you make it« wird hier meiner Meinung nach sehr überstrapaziert. Dieses scheinbar »perfekte« Leben wird von vielen Social-Media-Usern nicht mehr ernst genommen. Oftmals denken sie sich bei solchen übertriebenen Bildern: »So ein Poser! Der muss es echt nötig haben!« Und wen man nicht mehr ernstnimmt, von dem kauft man auch nichts. So hart und wahr ist das leider.

Aufmerksamkeit ist nicht gleichzusetzen mit Geldverdienen. Mir war es immer wichtig, meine Aufmerksamkeit für mein Business zu nutzen. Sonst brauche ich schließlich auch keine Aufmerksamkeit. Es geht jedoch nicht darum, um jeden Preis aufzufallen. Es geht darum, die eigene Geschichte authentisch mit dem eigenen Business zu verknüpfen. Das ist der Schlüssel.

Vielleicht kennst Du auch diese Menschen, die ihr Essen abfotografieren und sofort auf Facebook, Instagram oder sonst wo stellen, um zu zeigen, was für ein geiles Leben sie haben. Das ist Selbstbestätigung und sonst nichts. Klar, man bekommt für solche Fotos viel Applaus, nur was nützt es am Ende des Tages? Zahlen 500 Likes und 45 Kommentare unser Essen? Nein, im Gegenteil, man muss etwas bezahlen, um zu essen und es den eigenen »Followern« zur Verfügung stellen zu können. Auf Dauer geht diese Rechnung nicht auf. Da haben schon viele finanziellen Schiffbruch erlitten.

Pleite wegen Instagram

Vor Kurzem ging die Geschichte von Lissette Calveiro durch die Medien.[17] Sie verschuldete sich Hals über Kopf, um als Star auf Instagram wahrgenommen zu werden. Calveiro reiste um die Welt, um sich an exotischen Stränden ablichten zu lassen. Sie kaufte sich exklusive Kleider und Accessoires, um ihr außergewöhnliches Leben darzustellen. Natürlich hatte sie irgendwann Tausende und Abertausende Follower, die sie beneideten. Doch auch Neid bezahlt einem keine einzige Rechnung. So traurig das ist. Sonst wäre ich selbst wohl schon Multimilliardär und würde diese Zeilen von meiner Hängematte auf Hawaii schreiben. Nein, dem ist nicht so.

Lissette Calveiro hat an die 34 000 Follower auf Instagram und dennoch zu wenig Umsatz, um sich finanziell über Wasser zu halten. Auch 3 000 Postings haben das nicht geschafft. Außerdem ist der zeitliche Aufwand nicht zu unterschätzen, schließlich muss man dauernd mit der eigenen Community interagieren, sonst wird die Aufmerksamkeit schnell nachlassen, so denn sie überhaupt jemals eingesetzt hat.

Wie gesagt, manche lassen sich durch die Anfangserfolge blenden und gehen immer größere, finanzielle Risiken ein. Am Ende regiert nur mehr das Prinzip Hoffnung. Allein darauf zu bauen, ist aber Bullshit. Man muss einen klaren Plan von dem haben, was man erreichen möchte. Sonst bitte einfach beim »Foodporn« bleiben und sich gut dabei fühlen. Das klingt hart, ist aber der beste und ehrlichste Rat, den ich hier geben kann.

Ein weiterer wichtiger Faktor ist der Zeitaufwand, um als Marke bekannt zu werden. Natürlich kann es ganz schnell gehen, doch das ist die Ausnahme. Bei 99 Prozent der Fälle ist Markenaufbau ein Marathon, der über Jahre und vielleicht Jahrzehnte gehen kann. Deshalb bin ich ein Fan davon, die Marke nebenberuflich aufzubauen. Alles andere würde für mich ein zu großes Risiko darstellen. Ich würde immer dafür sorgen, genug Geld zu haben und in der Anfangszeit nicht von meinem noch aufzubauenden Business abhängig zu sein. Dann geht der Aufbau einfach viel entspannter. Das merkt die Community.

Lügen verboten!

Diese Geschichte von Lissette Calveiro zeigt jedoch sehr gut, wie man es auf keinen Fall machen sollte, um Bekanntheit aufzubauen. Man sollte das eigene Business nicht auf einer Lüge aufbauen. Langfristiger und nachhaltiger Markenaufbau geht nur im Einklang mit unseren ureigensten Werten. Klar, da braucht man einen längeren Atem, aber schlussendlich zahlt sich das aus. Nur den Hintern in die Kamera zu halten, beschert zwar Reichweite, aber keinen Umsatz. Jeder ist selbst für den eigenen Weg zuständig und trägt die Verantwortung dafür. Außerdem scheint dieser Weg der gesündere zu sein. In diesem Zusammenhang habe ich eine interessante Studie der britischen Royal Society for Public Health (RSPH) gefunden, in der Instagram als schädlichste Social-Media-App genannt wird. Der psychische Stress, sich selbst als perfekt darzustellen, scheint dort am größten.[18]

Ich kann diese ganze Trainer- und Speakerszene nicht mehr ernst nehmen. Diese postet, wie cool das Leben als Redner sei und was für geile Typen sie selbst doch seien. Da werden leere Sessel abfotografiert, um zu zeigen, wie wichtig sie nicht sind und wie geil ausgebucht sie doch sind. Ach, ihr Leben ist so schön und wir dürfen daran teilnehmen. Wenn man dann weiß, dass im besten Falle 5 Prozent von den so beliebten und ausgebuchten Speakern auch von ihrem Umsatz – sofern es überhaupt einen gibt – leben können, dann greife ich mir schon an die Stirn. Das ist doch alles nicht mehr glaubwürdig, oder etwa doch?

Ich bin in meinem Buch wirklich schonungslos ehrlich, mich interessieren nur Menschen, die klare Kante zeigen. Ich mag Menschen, die sagen, was sie denken und nicht das sagen, was sie glauben, was ich hören will. Irgendwann stürzt das Kartenhaus aus Lügen sowieso zusammen. Menschen haben ein feines Gespür für die Wahrheit. Dabei spielt es keine Rolle, ob das in der Realität oder auf Facebook ist. Spuren hinterlassen wir sowieso, wenn wir eigene Wege gehen. Außerdem, da bin ich mir sicher, möchte niemand Kunden, die die Lügen anderer abkaufen. Langfristige Geschäftsbeziehungen funktionieren alleinig auf einer Vertrauensbasis. Wenn unser Gespräch mit einer Lüge beginnt, dann ist es auch zugleich das Gesprächsende. So einfach ist das.

Was man von Datingplattformen lernen kann

Ich finde ja Datingplattformen überaus interessant, was die Selbstdarstellung betrifft. Selbst wenn man nicht auf der Suche nach einem neuen Partner ist, kann ich nur empfehlen, solche Seiten aus Markensicht zu betrachten. Die nun folgende Geschichte zeigt sehr schön, was bei einer Lüge passieren kann.

Einer meiner Freunde war auf solch einer Plattform unterwegs und suchte wirklich eine langfristige Beziehung. Bettgeschichten interessierten ihn nicht. Das kommunizierte er auch sehr offen. Mit einer Dame hatte er schlussendlich sehr intensiven Kontakt per Chat und sie telefonierten sogar einige Male. Einige Nächte haben sie sich übers Telefon ausgetauscht. Sie schickte ihm Fotos von sich selbst aus verschiedenen Perspektiven, damit er sich ein realistisches Bild von ihr machen konnte. Keine Angst, es waren keine Nacktfotos dabei. Also, die Chemie stimmte schon mal und der visuelle Eindruck wohl auch einigermaßen.

Nach mehreren Wochen war sie bereit für das erste reale Treffen. Dann kam die erste Beichte von ihr. Die Fotos, die sie ihm hatte zukommen lassen, seien an die zwei Jahre alt, aber sie habe sich nicht viel verändert. Gut, über den Winter habe sie drei bis vier Kilogramm zugenommen, aber die werde sie demnächst wieder heruntertrainieren. Für meinen Freund kein Problem und er freute sich, dass sie im Endeffekt nun so ehrlich war.

Am nächsten Tag trafen sie sich dann tatsächlich vor ihrer Wohnung und er war sehr überrascht. Allerdings war es keine positive Überraschung, sondern wirklich negativ. Diese drei bis vier Kilogramm, von denen sie gesprochen hatte, waren in Wirklichkeit dann doch eher 25 bis 30 Kilogramm. Er war schockiert darüber. Nicht, weil sie so viel mehr wog, sondern weil sie ihn so schamlos angelogen hatte. Das Gespräch war also schon vorbei, bevor es überhaupt begonnen hatte. Jegliches Vertrauen wurde hier von Beginn an verspielt.

Ich verstehe meinen Freund da völlig. Ich verstehe nicht, was seine Bekanntschaft sich dabei gedacht hatte. Schließlich hatte sie ja wissen müssen, dass dieser Gewichtsunterschied auffallen würde. Aber auch hier schien das Prinzip Hoffnung vorgeherrscht zu haben. Ich sag ja: Darauf kann man kein Business aufbauen. Sie hat eben gehofft, dass er darüber hinwegsieht, weil sie sich so gut verstanden hatten. Hätte sie von Anfang an mit offenen Karten gespielt, dann hätten sie vielleicht die Chance auf eine gemeinsame Zukunft gehabt.

Mir scheint, der Social-Media-Auftritt von manchen geht in eine ähnliche Richtung. Wenn ich mit Kunden arbeite, dann sehe ich mir genau an, was sie können und was nicht. Ich kann nicht einen Esel als Rennpferd verkaufen. Sorry, auch das hört sich hart an, doch ehrliche Selbstreflexion ist der Beginn jeder Erfolgsstory. Ich habe immer gesagt, ich möchte lieber selbst meine Achillesfersen finden, bevor jemand anderes diesen Job erledigt.

Viele machen es jedoch genau umgekehrt: Sie verkaufen ein erstklassiges Rennpferd und glauben, den Esel verstecken zu können. Doch spätestens beim Rennen wird klar, was wirklich passiert. Lieber vorher reinen Tisch machen und eine gesunde Basis aufbauen. »Fake it till you make it« ist ein netter Ansatz, der hin und wieder funktioniert, doch ich garantiere, dass er im Selbstmarketing nicht funktionieren wird – zumindest nicht langfristig. Das Vorgaukeln falscher Tatsachen führt nur zu Problemen. Vor allem, wenn es auffliegt. Dann hat man bei Kunden nämlich auch jegliches Vertrauen verspielt und man beginnt nicht bei null, sondern im Minusbereich. Da rauszukommen, gelingt den wenigsten Menschen.

Öffnung des Visiers

Ich habe weiter oben schon erwähnt, dass ich Menschen mag, die Ecken und Kanten haben. Die meisten begreifen jedoch nicht, was das eigentlich bedeutet. Wir sind keine (Halb-)Götter. Wenn ich mir die Profile vieler Celebrities oder Möchtegern-Coaches ansehe, dann wird mir genau dies vermittelt. Ich soll bei ihnen buchen, weil sie unfehlbar und unbesiegbar seien. Auch ich will so werden und deshalb schmeiße ich ihnen Geld in den Rachen.

Vielleicht hat Selbstmarketing vor mehreren Jahren so funktioniert. Heute bedeutet Menschlichkeit aber eben nicht

Übermenschlichkeit. Fehler, Nichtwissen, Scheitern, Umwege, Zweifel, Trauer, Niederlagen sind keine Tabuthemen mehr. Im Gegenteil. Sie stehen im Zentrum des Interesses und sind für eine Marke sogar entscheidende Elemente, um sich zu positionieren.

Willst Du von Göttern oder Menschen kaufen?

Wir haben so viele Möglichkeiten, uns selbst weiterzubilden, wie noch niemals zuvor in der Menschheitsgeschichte. Es ist auch keine Schande zuzugeben, wenn wir etwas nicht wissen. Ein Bekannter von mir, der Erwachsenenbildner ist, erzählt mir immer wieder von seinen Trainingseinheiten, die er vorwiegend mit Vertrieben namhafter Firmen macht. Das Besondere bei ihm: Er geht ohne durchgetaktetes Konzept in seine Workshops. Er bereitet nichts vor, sondern lässt sich von der Gruppe inspirieren. Er fragt, welche Fragen die Teilnehmer haben, und dann arbeitet er Tage und Wochen mit ihnen an ebendiesen Fragestellungen.

Ich wollte mal von ihm wissen: »Was, wenn Du keine Antwort auf eine Frage hast, die Dir gestellt wird? Hast Du da keine Angst?« Seine Reaktion darauf: »Absolut. Am Anfang war es die Hölle für mich, etwas nicht wissen zu können. Also schaltete ich jegliche Möglichkeit diesbezüglich aus. Ich hatte einen minutiös getimten Plan, wie ich den Workshop leite. Die Teilnehmer durften nicht mal auf die Idee kommen, eine Frage zu stellen. Sie mussten beschäftigt werden. Mit der jahrelangen Erfahrung habe ich jedoch mein Visier geöffnet und wollte nicht mehr meinen Plan durchsetzen. Mein Plan spielt im Leben der Teilnehmer auch gar keine Rolle. Es ist ihr Leben. Es sind ihre Fragestellungen, die sie weiterbringen. Also habe ich mich entschlossen, mein Ego unterzuordnen und keinem vorgegebenen Plan mehr zu folgen. Mein Ziel ist es, meine Teilnehmer weiterzubringen. Und dadurch lerne ich am meisten. Habe ich auf alles eine Antwort? Nein! Aber ich habe Freude daran, Antworten zu finden. Mittlerweile werde ich sogar dafür von meinen Auftraggebern gelobt, wie ich mit meinem ›Noch-nicht-Wissen‹ umgehe. Noch nie hätten sie einen Trainer gehabt, der so offen und auf Augenhöhe mit seinen Teilnehmern umginge. Ein befreiendes Gefühl!«

Diese Aussage hat mich darin bestätigt, meinen Weg weiterzugehen. Wenn es uns gelingt, unsere Schwächen anzunehmen und daraus Kraft zu ziehen, sind wir auf dem besten Weg, eine Marke zu werden und ein erfolgreiches Onlinebusiness aufzubauen. Je mehr Persönlichkeit wir in diese Marke legen, desto weniger kopierbar ist sie auch. Ein toller Nebeneffekt, der nicht zu vernachlässigen ist.

Dein Name – Dein Kapital

Vielleicht kennst Du noch den im deutschsprachigen Raum sehr bekannten Werbespot des Babynahrungsherstellers Hipp. Dort tritt der Chef des Unternehmens, Dr. Claus Hipp, vor die Kamera und sagt: »Und dafür stehe ich mit meinem Namen!« Mittlerweile schleudert uns der Juniorchef des Unternehmens, Stefan Hipp, diesen Satz entgegen. Die beiden, oder vielmehr ihre Marketingagentur, haben verstanden, dass der eigene Name für den Markenaufbau äußerst wertvoll ist.

Jede markenbildende Aktivität, die wir durchführen, sollte immer auf den Produktverkauf abzielen. Das bedeutet nicht, dass wir eine herumlaufende Litfaßsäule sein und unsere Community zuspammen sollen, wie leider die meisten Unternehmen. Wenn ich eine Freundschaftsanfrage bekomme, wo ich wirklich nur plumpe Werbung sehe, ohne Persönlichkeit oder Liebe, dann nehme ich sie einfach nicht an, weil ich schon weiß, wie es in Zukunft weitergehen wird. Mehr ist nicht immer besser.

Was jedoch als Werbemaßnahme immer getan werden sollte, ist zum Beispiel das Setzen eines Buttons auf der eigenen Website oder dem eigenen Social-Media-Kanal: »Jetzt Kunde werden!«. Überall, wo man zur eigenen Community spricht, sollte solch ein Button zu finden sein, der zu den eigenen Angeboten führt. So kann sich jeder freiwillig dazu entschließen, sich näher mit dem Angebot auseinanderzusetzen.

Bei plumper Werbung wird man regelrecht erschlagen und hat keine Wahl. Man sollte es seinen Fans also so leicht wie möglich machen, wenn sie in einen tiefergehenden Kontakt treten wollen würden. Natürlich könnten sie auch Deinen Namen googeln, um weitere Informationen zu finden, doch ist das mehr Aufwand als der eine Klick auf den einen Button.

Ein weiterer wichtiger Hinweis von mir: Benenne Deine Website oder Deinen Blog nach Deinem Namen. Wenn diesen nämlich ein anderer Name gegeben wird – ein Kunstname vielleicht –, dann gerät der eigene Name in den Hintergrund und die Kunden müssten sich zwei unterschiedliche Namen merken. Das klingt vielleicht etwas seltsam, doch der eigene Name lässt sich auf viele unterschiedliche Gebiete übertragen, ein ausgedachter Name für die Website oder Dienstleistungen vielleicht nicht.

Der eigene Name ist wichtiges Kapital, das gehegt, gepflegt und verbreitet werden will! Daher sollte man bei einem Domainanbieter für ein paar Euros im Jahr den eigenen Namen kaufen. Dabei ist es wichtig, sowohl die Domain mit der .com-Endung zu kaufen als auch die des eigenen Landes (.de, .at etc.). Meine Fans kommen zu mir, wenn sie www.samer-mohamad.com eingeben.

Registriere also Deinen Namen, bevor es zu spät ist! Genauso sollten alle deine Social-Media-Kanäle mit Deinem Namen versehen sein. Deine Inhalte, Deine Postings, einfach alles. Bei Instagram setze stets Hashtags mit Deinem eigenen Namen (zum Beispiel: #SamerMohamad). Der eigene Name ist das Wertvollste, was man hat, und je mehr Menschen ihn sehen in Verbindung mit Texten, Bildern und Videos, desto größer wird die Kraft, die er entfaltet. Auch so bleibt man im Gedächtnis der eigenen Zielgruppe. Und nicht nur das: Er hat die Chance, darüber hinaus Verbreitung zu finden.

Glaube nicht den Bullshit, den Marketingleute gerne von sich geben, wenn sie einem weismachen möchten, dass Dein Name mit Deinem Produkt, Deiner Dienstleistung oder Deiner Lösung zusammenhängen muss und man deshalb einen Zusatz benötigt. Damit erreicht man das genaue Gegenteil – man verwässert die eigene Marke. Der Name darf auf keinen Fall verändert oder angepasst werden. Er soll für sich allein stehen. Der Content, den man tagtäglich zum Besten gibt, wird dafür sorgen, dass er mit der Zeit automatisch mit bestimmten Themenkreisen in Verbindung gebracht wird.

Mit welcher Plattform anfangen? – Die Qual der Wahl

Ich schicke gleich die Antwort vorweg, um sie anschließend zu begründen und zu zeigen, wie es bei mir war und ist: Es gibt auf diese Frage keine eindeutige Antwort. Es hängt von der eigenen Persönlichkeit, den eigenen Vorlieben und der angepeilten Zielgruppe ab, womit man sich beschäftigen sollte. Ich selbst nutze mittlerweile die Plattformen Facebook, Instagram und YouTube, wie ich bereits erwähnt habe. Tatsächlich habe ich zwei Jahre lang ausschließlich Facebook benutzt, um meine Marke dort aufzubauen. Erst später kamen die anderen beiden genannten Plattformen hinzu.

Ich empfehle meinen Kunden, sich in den ersten 90 bis 120 Tagen ausschließlich auf eine Plattform zu konzentrieren und sich mit jeder der dort angebotenen Funktion ausgiebig zu beschäftigen. Welche Plattform es sein soll, muss jeder für sich selbst entscheiden, Hauptsache es wird dann in die Realität geführt.

Die Wahrscheinlichkeit, dass man bereits einen Account auf einer Social-Media-Plattform hat, liegt bei über 95 Prozent. Es wird daher wohl kein vollkommenes Neuland mehr sein. Somit ist der erste Schritt für den Aufbau Deiner Marke getan.

Doch nun kommt der alles entscheidende nächste Schritt: Man muss vom applaudierenden, lediglich konsumierenden Zuschauer zu einer wirklichen Marke aufsteigen, die den eigenen, originalen und unverwechselbaren Content zum Besten gibt. Es ist leicht, man muss es nur wollen. Das Feld ist bestellt, jetzt ist nur die Frage, ob man es auch betritt.

Es findet sich für alles eine Anleitung auf YouTube und Google. Es ist unfassbar, innerhalb von Sekunden hat man Zugriff auf Milliarden von Informationen. Für viele ist das selbstverständlich, sogar für diejenigen, die die rein analoge Welt noch kennen, so wie ich. Meine Sicht der Dinge ist aber eine andere. Es ist ein Geschenk Gottes, dass wir in so einer Ära leben dürfen. Doch alle Information der Welt kann einen nicht dazu veranlassen, an der eigenen Marke zu arbeiten. Das kann man ausschließlich selbst. Klar, man kann sich Hinweise, Impulse und Anregungen holen, doch die entscheidenden Schritte muss man selbst gehen. Ich freue mich, wenn Du es wagst!

Online- oder Offlinemarke?

Eine Frage, die mir während meiner Seminare oft gestellt wird, ist die folgende: »Soll ich gar nicht mehr offline werben?« Das ist eine berechtigte Frage, nachdem ich dermaßen viel Werbung für die digitalen Medien mache in meinen Vorträgen und Workshops.

Natürlich sollst Du auch offline werben! Hier habe ich eine ganz klare Empfehlung: Da die Radiosendungen sowie lokale Fernsehsender, aber auch Magazine seit fast zehn Jahren stark rückläufige Zahlen aufweisen, was die Werbung betrifft, kann man sich mal mit denen in Verbindung setzen und fragen, was der Spaß bei denen kostet, wenn sie mal was über Dich drehen oder eine Story über Dich bringen.

Die Zuschauer, Zuhörer und Leser der verschiedenen Medienanstalten werden zwar kontinuierlich weniger, aber dennoch bewegen sie sich noch immer teilweise im Millionenbereich, was die Verbreitung anbelangt. Es wäre somit höchst fahrlässig, wenn wir diese Möglichkeit des Markenaufbaus von Anfang an ausschließen würden.

Alles, was man tut, sollte darauf ausgerichtet sein, die Eigenmarke größer und bekannter zu machen. Wenn man natürlich bereits eine Gefolgschaft in der Zielgruppe aufgebaut hat – so wie ich –, dann wird man keinen Cent zahlen, um in die Offlinemedien zu kommen. Sogar das Gegenteil ist der Fall ab einem gewissen Bekanntheitsgrad. Die Medien wollen dann von diesem Bekanntheitsgrad profitieren, indem sie jemanden interviewen, der Ahnung hat vom Thema und Leser oder Zuschauer animiert, das Medium zu konsumieren. Im Idealfall ist es dann eine Win-win-Situation für beide Seiten.

Das geht aber nur, wenn Du anders bist als die anderen, die zu demselben Thema ebenfalls etwas zu sagen haben! Und wie ich bereits erwähnt habe: Um aufzufallen, reicht es völlig, einfach man selbst zu sein und ruhig in den eigenen Worten mal die eigene Meinung zu verkünden. Glaube mir.

Verkaufen!

Wir haben uns über unser Wissen und unsere Leidenschaft eine Nische rausgesucht. Das Produkt, ob online oder offline, als Dienstleistung steht fest. Ein entscheidender Schritt wurde getan und es fehlt nur noch ein weiterer, um sich vom alten Leben zu verabschieden und in ein neues einzutauchen: das Verkaufen.

Was für ein schreckliches Wort, nicht wahr? Viele Menschen bekommen regelrecht Gänsehaut, sobald sie dieses Wort hören. Mir ist in meinem Bekanntenkreis kaum jemand bekannt, der sich selbst Verkäufer nennt oder es als Berufstitel angibt.

Dinge an den Mann oder an die Frau zu bringen, scheint für viele nicht unbedingt eine attraktive Aufgabe zu sein. Der Grund dafür ist, dass es die Gesellschaft mit etwas Negativem assoziiert! Das sieht man sehr gut an diesem deutschen Sprichwort: »Wo verkauft wird, da wird gelogen.« Kein Wunder also, dass diesem Thema mit so viel Argwohn begegnet wird. Aber Verkaufen ist nicht gleich Verkaufen. Immerhin gibt es allein in Deutschland 1,7 Millionen Vollzeitbeschäftigte im Einzelhandel. Egal, ob im Elektrofachmarkt oder im Bekleidungsgeschäft um die Ecke – wir sind immer umgeben von Verkäufern. Auch ich habe meine Ausbildung im Einzelhandel absolviert. Doch es gibt auch die Verkäufer im Multi-Level-Marketing oder im Direktvertrieb. Jeder von uns wurde bestimmt schon mehrere Male von einem Versicherungsvertreter kontaktiert, der seinen Job geschmissen hat und sein Heil im Verkauf von Versicherungsprodukten suchte.

Verkauf geht jedoch noch viel weiter. Jeder, der es seinem Kind schon einmal schmackhaft machen wollte, bereits um sieben ins Bett zu gehen, weiß, dass hierzu verkäuferisches Talent vonnöten ist. Ein Bewerbungsgespräch ist im Grunde auch nichts anderes. Wir betonen unsere guten Seiten und hoffen, dass das Gegenüber »kauft« und wir einen Arbeitsvertrag ergattern. Auch Partnersuche läuft ähnlich. Wer sich (= das Produkt) nicht ins richtige Licht rücken kann, wird das Gegenüber nicht überzeugen. Ich weiß, dass das viele Menschen nicht hören möchten, aber es ist trotzdem so. Wenn man nicht verkaufen kann, hat man ein schweres Leben. Man zieht einfach in jeder Lage den Kürzeren und muss zurückstecken. Es ist ein weitverbreiteter Irrtum, dass sich immer die bessere Idee durchsetzt. Es setzt sich die Idee durch, die dem Gegenüber am besten dargeboten wird. Das klingt hart, ist aber die Realität, egal ob wir das nun gut finden oder nicht. Aber es hindert uns ja nichts mehr daran, dass wir lernen, wie der Hase läuft und somit unsere sehr guten Ideen verkäuferisch unter die Menschen bringen können.

Wenn wir das Wort Verkäufer hören, dann denken wir an den Versicherungsvertreter oder an den Verkäufer, der uns ohne Termin einfach an unserer Haustür nervt und nicht lockerlässt, bis wir ihm etwas abgekauft haben. Diese Art des

Verkaufens hat natürlich in den letzten 20 Jahren schnell die Runde gemacht und das Berufsfeld des Verkäufers in ein negatives Licht geführt. Dabei dürfen wir eines niemals außer Acht lassen: Kein Unternehmen kann ohne einen Vertrieb und somit ohne Verkäufer überleben.

Die Außendienstmitarbeiter, die tagtäglich Hunderte Kilometer zurücklegen oder auch weltweit verreisen, um neue Kunden für das Unternehmen und die Produkte zu akquirieren, spielen eine essenzielle Rolle für den Erfolg eines Unternehmens. Sie legen den Grundstein dafür, dass neue Arbeitsplätze geschaffen werden können. Wo Menschen mit Menschen in Kontakt kommen und miteinander Geschäfte abschließen, kann Neues entstehen. Wenn ein Großauftrag erteilt (verkauft) wurde, können Jobs wie Lagermitarbeiter, Bürokräfte, Hausmeisterposten und auch Managerstellen erst bezahlt werden. Ein Großauftrag wird aber nicht einfach so vergeben, da steckt wahrscheinlich jahrelange Vertriebsarbeit dahinter.

Objektiv betrachtet: Es ist den Verkäufern zu verdanken, dass diese ihre Produkte in die weite Welt streuen. Denn ohne Umsatz kann es keinen Gewinn geben und ohne Umsatz können auch keine Arbeitsplätze geschaffen werden. Letztendlich hängen vom Verkaufsgeschick der Verkäufer Millionen von Existenzen ab. Vielleicht hilft diese Sicht der Dinge dabei, das Prestige der Verkäufergilde etwas zu erhöhen.

Meiner Meinung nach sind wir alle Verkäufer und das beginnt bereits im Kindesalter. Wer Kinder hat, weiß ganz genau, wovon ich spreche. Unsere Kinder versuchen ständig, uns etwas zu verkaufen, was sie gerne hätten. Sei es die Carrera-Bahn im Spielzeuggeschäft oder dass sie noch weitere zehn Minuten vor dem Fernseher verbringen dürfen, weil es gerade so spannend ist. Wie oft kommt es vor, dass sie gegen uns argumentieren und, wenn das nichts nützt, ziehen sie alle restlichen Register wie Schreien, Weinen etc.? Je älter sie werden, desto größer werden die Verhandlungsobjekte. In der Pubertät geht es schon mal um einen eigenen Urlaub mit Freunden oder etwas später um ein eigenes Auto. Es geht immer darum, die eigene Position schmackhaft zu machen. Die Qualität unseres Verhandlungs- und Verkaufsgeschicks bestimmt unsere Lebensqualität!

Wir dürfen unseren Kindern auch nicht böse sein, denn im Erwachsenenalter führen wir diese Verkaufsakte weiter durch und hören nie damit auf. Auch wir verkaufen dem Gegenüber unsere Meinung als die beste und klügste. Egal, ob im Beruf oder im Privatleben.

Weiter oben hatte ich ja schon mal erwähnt, vor Beginn einer Beziehung zeigen wir immer nur unsere eigene Schokoladenseite. Es geht hier natürlich auch um viel. Es geht darum, ob das Gegenüber einsieht, dass ich der richtige Lebenspartner bin, mit dem der Rest des Lebens verbracht werden soll. Nun jedoch die entscheidende Frage der Kritiker: Müssen wir uns so gut verkaufen, um zu beweisen, dass wir die richtige Person sind, mit der man das ganze Leben verbringen möchte? »Reicht es nicht aus, wenn ich einfach ich bin? Ich möchte für das geliebt werden, was und wer ich bin!« Dieser Einwand und die damit verbundene Kritik ist natürlich nicht ganz von der Hand zu weisen. Wenn ich der Meinung bin, dass Verkaufen mit Lügen zu tun hat, dann bestehen diese Einwände völlig zu Recht. Doch Verkaufen ist nicht Lügen, zumindest nicht, wenn man es korrekt macht.

Es gibt keine Selbstläufer

Stellen wir uns mal die folgende Situation vor: Wir sind der perfekte Partner für eine andere Person. Es wäre eine wunderbare und liebevolle Partnerschaft. Zwei Seelenverwandte, die einfach zusammengehören. Jetzt haben wir nur ein Problem: Wenn wir nicht klarmachen, dass dies so ist, wird es keine Partnerschaft geben. Es muss dem anderen bewusst gemacht werden, dass das passt. Wie soll das Gegenüber dies sonst auch erkennen? Es wird ihm die Entscheidung einfacher gemacht, weil Klarheit über die Bedingungen geschaffen wird. Zusätzlich wird es auch noch Konkurrenz geben, die ebenfalls versuchen wird, sich in gutes Licht zu rücken. Wenn wir da nicht mitziehen, können wir schnell ins Hintertreffen geraten.

Wir können also das beste Produkt in unseren Händen halten – wenn niemand davon erfährt, wird es niemand kaufen, und es ist mehr als traurig. Es gibt keine Selbstläufer am Markt. Ich muss immer wieder lachen, wenn ich Menschen sehe, die eine Homepage erstellen und dann meinen, dass dies ausreicht, um erfolgreich zu sein. Aufgrund ihrer eigenen Qualität werden sie schon gefunden werden. Das ist ein Irrglaube! Wir müssen unsere Fähigkeiten, Services und Produkte bekanntmachen. Daran führt kein Weg vorbei, sonst geht man in der Informationsflut unter.

Für mich bedeutet Verkaufen, dass man einer anderen Person einen Mehrwert liefert und dafür honoriert wird. Verkaufen bedeutet für mich, Lösungen für Probleme anderer zu finden und dafür mit Geld belohnt zu werden. Ich finde das fair.

Wer sich im Leben nicht gut verkauft, schlägt sich weit unter Wert. Verkaufen ist nicht schlecht, es liegt in unserer Natur und dennoch haben es viele verlernt. Doch was wir verloren haben auf unserem Weg, können wir wiederfinden und verbessern. Es ist wie ein Handwerk, in dem man immer besser werden kann, wenn man nur will. Um erfolgreich mit den eigenen Produkten oder als Unternehmer zu sein, muss man kontinuierlich an den Verkauf denken. Ohne Verkauf kein Umsatz. Ohne Umsatz kein Gewinn. Ohne Gewinn kein Geld in der Tasche – so einfach ist das. Es gibt einen triftigen Grund dafür, weshalb manche Menschen ihre kostbare Lebenszeit für 8,50 Euro Mindeststundenlohn eintauschen. Auf der anderen Seite gibt es Menschen, die eine Stunde ihrer Zeit gegen 2 000 Euro oder sogar mehr eintauschen. Wo liegt der Unterschied?

Ganz einfach, der Unterschied liegt darin, dass die eine Person deshalb so viel mehr verlangen kann, weil sie erstens über Fähigkeiten verfügt, die ein wirklich dringendes Problem von anderen Personen lösen können. Und zweitens muss der Markt davon wissen, dass es diese Person mit den speziellen Fähigkeiten auch gibt. Dies ist nichts anderes als ein Verkaufs- und Marketingakt. Der Person mit den 8,50 Euro fehlen diese Fähigkeiten oder sie wurden nicht gut genug verkauft.

Egal, wie gut die eigenen Verkaufsfähigkeiten auch sein mögen, es ist natürlich klar, dass man nicht innerhalb der nächsten Wochen oder Monate direkt 2000 Euro für eine Stunde verlangen kann. Marktbekanntheit dauert in der Regel oder die Fähigkeiten sind noch nicht so weit fortgeschritten, um diese Preise auch wirklich zu verdienen. Doch sie sind durchaus realistisch, wenn man weiß, was man kann, wo man hinwill und wie man dorthin kommt.

Wer sich nie mehr Gedanken um einen neuen Job oder Geld machen möchte, muss das Verkaufen lernen, dann stehen alle Türen offen. Wer Produkte oder Dienstleistungen an die Menschen bringen kann, triumphiert immer. Es ist die ultimative Waffe, die uns einen entscheidenden Vorteil in allen Lebenslagen verschafft. Ich übertreibe hier nicht. Es ist die mit Abstand wichtigste Fähigkeit, die man sich aneignen kann.

Ich selbst habe sehr viele richtige Dinge beim Verkaufen gemacht und ich habe auch sehr viele falsche Dinge gemacht. Ich möchte an dieser Stelle jedem eine Abkürzung geben, der erfolgreich verkaufen will, ohne dieselben schmerzhaften Erfahrungen wie ich durchleben zu müssen. Im nächsten Kapitel werde ich fünf effektive Geheimnisse von mir verraten, wie man Tausende von Euros verdienen kann – nur mit der Nutzung des eigenen Smartphones.

Die fünf Geheimnisse des effektiven Verkaufens

Alles um uns herum hat sich verändert, nur wir Menschen ticken immer noch wie immer. Was ich damit sagen möchte: Der Mensch von heute hat immer noch dieselben zwei Kaufmotive wie vor 2000 Jahren: Schmerz lindern oder vermeiden.

Vom Schmerz loszukommen oder Freude zu empfinden, ist enorm wichtig für uns. Manchmal geschieht auch beides zum selben Zeitpunkt, wenn man ein Problem löst – und genau dort muss man als Verkäufer ansetzen.

Heute haben wir den großen Vorteil, nicht mehr nur Freunden und Familienangehörigen helfen zu können, sondern Millionen anderen Menschen ebenfalls. Wir können sie dabei unterstützen, glücklicher zu werden oder etwas Neues in der Welt entstehen zu lassen.

Bei jeder Aktivität, bei jedem Posting, bei jeder Videobotschaft habe ich das Ziel, die Aufmerksamkeit der Menschen durch Mehrwerte und Authentizität für mich zu gewinnen. Wenn mir dies gelingt, dann kann ich Produkte verkaufen. Über kurz oder lang wird es sogar eine Selbstverständlichkeit sein, dass einige, niemals alle, sich verpflichtet fühlen, öfter bei mir zu kaufen. Dies geschieht dann und nur dann, wenn ich mit außerordentlich nützlichen Informationen in Vorleistung gegangen bin.

»Der Kunde ist König!«, dieser Spruch ist schon ziemlich alt und auch heute noch höre ich ihn auf Verkaufsveranstaltungen, die ich besuche, immer mal wieder. Zwei Fragen, die sich mir dabei aufdrängen, sind: War der Kunde damals wirklich König? Oder wurde er von uns zum König gemacht? Die Situation hat sich seit den 1980ern und 1990ern vollkommen verändert. Der Kunde von damals war nicht mal ansatzweise so informiert wie heute. Er konnte nur das vergleichen, was er vor seinen Augen hatte oder vom Hörensagen kannte. Heute kann er sein Smartphone zücken und innerhalb weniger Sekunden Preise auf der ganzen Welt vergleichen.

Einer der wichtigsten Punkte, um ein erfolgreicher Verkäufer zu werden, ist, dass man nicht über den Preis verkauft. Das ergibt nämlich in einer Zeit der völligen Preistransparenz überhaupt keinen Sinn mehr. Der Kunde von heute ist wirklich König. Er hat die Macht, weil er das Geld hat. Also entscheidet er, wem er sein Geld gibt. Die Machtverhältnisse zwischen Kunden und Verkäufer haben sich, dank Internet, zugunsten des

Kunden verschoben. Die Mundpropaganda, ich nenne sie lie-bevoll Buschtrommel, ist aber auf der Seite des Verkäufers und hat ebenfalls, dank Internet, eine große Rolle für die Vermark-tung und den Produktverkauf eingenommen.

Verkaufen ist nun für jedermann und dies jederzeit mit dem Smartphone möglich. Für mich gibt es in diesem Zusam-menhang zwei wichtige Begriffe:

- Verkauf und

- Abschluss.

Das Wort Abschluss ist mächtig, weil es am Ende entscheidet, ob wir tatsächlich Geld verdient haben oder nicht. Abschluss ist die logische Konsequenz unseres Verkaufsprozesses. Ver-kaufen ist das Vorspiel und Abschluss die Krönung. Es gibt wirklich viele Menschen, die gut sind im Verkaufsprozess, aber selten einen Abschluss landen. Das ist zwar nett, aber bezahlt einem nicht die Rechnungen. Unser Fokus muss auf beidem liegen – guten Verkaufsgesprächen, bei denen man auf Au-genhöhe mit dem Kunden den Abschluss anvisiert. Das eine ohne das andere ist sinnlos.

Kommen wir nun zu meinen fünf Geheimnissen, wie man mit dem Telefon für den Rest seines Lebens keine Geldsorgen mehr zu haben braucht.

Geheimnis Nummer 1

Im Leben bekommt man nicht, was man will, sondern das, was man abschließt!

Alles, was man gerne in seinem Leben hätte, haben bereits andere Personen erreicht. Alles, wonach wir streben, ist bereits real. Sie sind jedoch außerhalb unserer Komfortzone, sonst hätten wir sie schon erreicht. Die Zone, die keiner gerne verlassen möchte, weil es dort gemütlich ist, weil es einfach ist, dort zu bleiben. Aber wenn jemand Dinge wie Geld, Kontakte, Status, Ressourcen, Liebe, Glückseligkeit, Erfüllung oder was auch immer möchte, muss er sich außerhalb der eigenen Komfortzone bewegen. Alles, was man dafür tun muss, ist diese Sachen abzuschließen. Was meine ich genau damit?

Es muss einen Prozess geben, einen Verkaufsprozess, der zum Abschluss führt, damit man an die oben genannten Sachen herankommt. Wenn man noch nicht das gewünschte Einkommen hat, dann liegt es daran, dass man nicht abschließen kann. Wenn man immer noch Single ist, dann höchstwahrscheinlich, weil man nicht abschließen kann. Wenn unsere Kinder nicht auf uns hören und uns nicht respektieren, dann liegt das daran, dass wir nicht abschließen können. Wenn wir immer noch nicht das haben in unserem Leben, was wir uns wünschen, dann liegt das daran, dass wir nicht abschließen können.

Eines muss hier an dieser Stelle jedoch gesagt werden: Niemand hat selbst Schuld an der eigenen Abschlussschwäche. Unsere Eltern haben uns das nie beigebracht, weil es ihnen selbst nicht beigebracht wurde. Das Schulsystem, das wir durchlaufen haben, hat uns nie darüber informiert. Die gute Nachricht: Nichts, aber auch gar nichts hält uns davon ab, all diese Sachen, die uns fehlen, die wir uns wünschen, zu bekommen. Vorausgesetzt, dass wir uns der Fähigkeit widmen, die uns all dies ermöglichen wird: die Fähigkeit zum Abschluss (man kann es auch gerne anders nennen).

Wenn man dieses Buch aufmerksam gelesen hat, dann weiß man, dass ich keine optimalen Startvoraussetzungen hatte und zwischendurch nicht nur kleine Fehler begangen habe, sondern regelrecht gescheitert bin. Die Frage ist jetzt, warum und weshalb ich, trotz all den schwierigen Bedingungen, eine positive Transformation in meinem Leben durchlaufen habe. All die schönen Momente, alle Kunden, alle Fans, alle Aufträge und die Liebe meines Lebens habe ich bekommen, weil ich mich entschieden habe, ein Premiumverkäufer zu sein.

Stellen wir uns mal Folgendes vor: Was würde mit dem eigenen Leben passieren und in welche Richtung würde es sich entwickeln, wenn man die Fähigkeiten hätte, überall, zu jeder Zeit, an jedem Ort, mit absoluter Sicherheit abschließen zu können? In welche Richtung würde sich das eigene Geschäft und vor allem das eigene Leben hin entwickeln? Würde es besser oder schlechter werden?

Geheimnis Nummer 2

Drei Wege, um mit den eigenen Fähigkeiten Geld verdienen zu können:

#1 *Unternehmen sind ständig auf der Suche nach erfahrenen und guten Verkäufern, die für sie Kundenakquise betreiben.* Es wird dort meist ein Gehalt plus einer erfolgsabhängigen Provision bezahlt. Es gibt auch eine Möglichkeit, rein auf Provisionsbasis zu arbeiten, die meist höher ausfällt.

#2 *Für sich selbst Abschlüsse machen*

- Wenn man seine Abschlussquote verdoppeln würde, wie viel mehr Umsatz würde man dann machen?

- Wenn man seine Preise verdoppelt, wie viel Geld würde man damit verdienen?

- Wenn man seine Abschlusszeit halbieren könnte, wie viel mehr Verkäufe würde man dann machen?

- Wenn man Kunden am laufenden Band von den Höllenschmerzen, die sie haben, befreien könnte, wie viel glücklicher wäre man dann?

#3 *Abschlüsse für andere Unternehmer mit einem Onlineprogramm machen*

Der Kunde hat ein Premium-Onlineprogramm für 3 000 Euro. Unsere Provision beträgt 10 Prozent, also 300 Euro. Unsere Abschlussquote liegt bei 20 Prozent. Wenn man jetzt täglich mit fünf qualifizierten Interessenten spricht, wie viel Geld hat man dann verdient? Ein Verkauf pro Tag bedeutet 300 Euro Provision. Man arbeitet nur vier Tage in der Woche und würde nebenbei 1 200 Euro verdienen. Die restlichen drei Tage könnte man machen, wozu man Lust hat. Auf den Monat hochgerechnet sind dies 4 800 Euro zusätzlich, ohne ein eigenes Business zu haben, ohne ein eigenes Coachingprogramm aufzubauen. Und hier kommt der schönste Teil: Man hat dem eigenen Kunden mit dem Verkauf geholfen, selbst über 40 000 Euro mehr zu verdienen. Wenn der Kunde glücklich ist, wird er uns dann weiterempfehlen? Natürlich!

Wenn wir das jetzt realistisch durchrechnen, könnte man genauso gut ein Onlineprogramm für 5 000 Euro am Telefon verkaufen. Die Provision läge bei 10 Prozent Provision und somit bei 500 Euro pro Abschluss. Die Abschlussquote wäre wieder 20 Prozent, also vier Nieten und ein Treffer am Tag. Wenn man jetzt nur vier Tage die Woche arbeitet, sind das 2 000 Euro pro Woche, die man an Provision verdient hätte. Auf den Monat hochgerechnet sind das 8 000 Euro, die wir völlig ohne Risiko bekommen hätten. Man kann hier sehen, wie sich das Leben allein durch verkäuferische Fähigkeiten verändert!

Es ist wichtig, dass wir alle alten Verkaufstechniken, die wir vielleicht irgendwo mal gehört oder sogar gelernt haben, wieder verwerfen. Welche Verhaltensweisen kennt man denn von typischen Verkäufern? Wenn sie am Telefon verkaufen, dann lesen sie von irgendwelchen Skripten ab und man hat das Gefühl, dass am Ende der Leitung kein Mensch sitzt, sondern eher ein Roboter. Viele Verkäufer versuchen nach wie vor, dem Kunden zu gefallen, koste es, was es wolle. Außerdem fällt mir immer mehr auf, dass Verkäufer sich nicht als Problemlöser positionieren, sondern eher zu Bettlern mutieren. Damit vergraulen sie Kunden, anstatt sie an sich zu binden.

Ich kann an dieser Stelle nur empfehlen, sich nicht wie ein klassischer Verkäufer zu benehmen, nicht wie ein klassischer Verkäufer zu handeln, nicht wie ein klassischer Verkäufer zu reden. Das Geheimnis eines guten Verkäufers liegt darin, gezielte Fragen zu stellen, um das Problem des potenziellen Kunden herauszufinden. Erst daran anknüpfend kann man eine optimale Lösung für sein Problem anbieten. Verkaufen ist einfach, wenn man es zulässt. Alles, was in Richtung Manipulation oder krampfhafte Überzeugung geht, kostet lediglich Kraft und Nerven. So macht es keinen Spaß und es kann zu keiner hohen Abschlussquote kommen. Daher sollte man die Dinge anders angehen als die anderen.

Geheimnis Nummer 3

Je härter und detaillierter ich die Interessenten vorqualifiziere, desto einfacher ist es, diese in weiterer Folge auch abzuschließen! Was soll das heißen? Es geht darum, weder die kostbare Zeit des Kunden noch die eigene kostbare Zeit zu verschwenden. Man telefoniert nicht mit einem Interessenten, um eine Stunde Small Talk zu führen, sondern man telefoniert, um sein Problem zu lösen und einen Abschluss zu tätigen.

Mithilfe von Onlinemarketing ist es mittlerweile möglich, dass Interessenten vorqualifiziert werden. Diese Selektion kann über einen Fragebogen erfolgen. Man könnte ein Onlineformular mit den folgenden Punkten und Fragen erstellen:

- Name

- E-Mail-Adresse

- Telefonnummer

- Tätig in welcher Branche?

- Momentan generierter Umsatz?

- Welche privaten/beruflichen Ziele?

- Grund für nichterreichte Ziele?

- Wie viel Budget steht zur Verfügung für die Beseitigung dieser Herausforderung?

Mit diesen Fragen kann man, noch bevor man mit dem Interessenten telefoniert, sich bereits ein Bild von ihm machen. Auch ohne ein automatisches Formular stelle ich jedem Interessenten diese Fragen, der gerne mit mir telefonieren möchte, z. B. per Mail oder im Messenger. Wenn der Interessent diese Fragen nicht beantwortet, dann will ich erst gar nicht seine oder ihre Nummer. Passen die Antworten nicht zu dem Produkt, das wir in unserem Portfolio haben, dann wird entweder gar nicht mit ihm telefoniert oder man verkauft ihm ein passendes Produkt von einem anderen Unternehmer, der ebenfalls Provision ausschüttet. Dabei geht es aber wirklich nicht um die Provision, sondern um den Kundennutzen. Nur ein zufriedener Kunde wird einen weiterempfehlen. Wenn man es nur für die Provision machen würde und gar nicht auf die Kundenbedürfnisse einginge, würde er schlecht über einen reden und man wird nie wieder etwas an ihn und seinen Bekanntenkreis verkaufen können.

Man sollte sich aber auf maximal zwei Probleme spezialisieren, die man lösen kann. Dann ist man fokussiert und ein wahrer Experte in seinem Fach!

Geheimnis Nummer 4

Je weniger ich beim Verkaufsgespräch rede, desto mehr werde ich verkaufen!

Man sollte stets beim Verkaufsgespräch die Rolle eines Zuhörers einnehmen und nur mit kurzen und knappen Fragen reagieren. Warum sind die Fragen so wichtig? Erstens: Mithilfe der Fragen hat man den besten Weg, um Interessenten erneut zu qualifizieren und für den Abschluss vorzubereiten. Zweitens: Gezielte Fragen können bereits den Verkaufsprozess einleiten! Drittens: Fragen helfen dabei, die tatsächlichen Bedürfnisse des Interessenten herauszufiltern.

> Wer immer auch fragt, der kontrolliert das Verkaufsgespräch!
>
> *Samer Mohamad*

> Ein Premiumverkäufer stellt den richtigen Interessenten die richtigen Fragen zur richtigen Zeit!
>
> *Samer Mohamad*

Nachdem das Buch für die Praxis sein soll, gebe ich hier ein anschauliches Beispiel. So könnte ein Verkaufsgespräch am Telefon ablaufen, um die Abschlussquote um mindestens 50 Prozent zu erhöhen:

»Hallo Michael, schön, dass wir uns jetzt hören. Du hattest Dich bei mir um ein Strategiegespräch beworben. Wie Du sicherlich weißt, ist Zeit das kostbarste Gut auf der Welt. Siehst Du das genauso?«

(Michael wird hier höchstwahrscheinlich mit Ja antworten.)

»Schön, ich würde Dir gerne einige Fragen stellen, um Dir am besten helfen zu können, Deine Herausforderungen zu lösen und Dich dorthin zu bringen, wo Du meiner Meinung nach hingehörst, und zwar ganz nach oben. Wie hört sich das für Dich an?«

(Michael wird mir hier mitteilen, dass er sich ebenfalls freut, mit mir zu sprechen, da er sich schließlich bei mir für das Gespräch be-

worben und darauf gewartet habe, dass ich ihn kontaktiere. Dies ist eine gute Ausgangssituation für das Gespräch und optimiert die Chancen auf einen Abschluss. Es ist etwas ganz anderes, als wenn ich einfach so angerufen hätte. Michael will, dass ich ihn anrufe. Niemand muss betteln oder manipulieren. Dies macht auch das Gespräch an sich entspannter, was wiederum die Abschlussquote erhöht.)

»Gut, Michael, super, dass wir uns an dieser Stelle einig sind. Du hast ja im Onlineformular bereits einige Fragen beantwortet. Würdest Du sagen, dass Du ein Mensch bist, der etwas ernst meint, wenn er etwas sagt, oder bist du eher ein Mensch, der auch mal etwas sagt, um dem Gegenüber besser zu gefallen?«

(Michael wird an dieser Stelle sagen, dass er ein Mensch ist, der es ernst meint, wenn er etwas sagt. Kein Mensch stellt sich selbst als Lügner oder Schwätzer dar, weil die Menschen ernst genommen werden wollen.)

»Schön, Michael, genau so habe ich Dich auch eingeschätzt. Du hast mir von einigen Herausforderungen berichtet, die Du momentan mit Deinem Unternehmen hast.«

(An dieser Stelle schaue ich natürlich auf das von Michael ausgefüllte Formular. Besonders der Sektor über die Probleme, denen er sich gegenübersieht, verdient nun meine ganze Aufmerksamkeit, ebenso wie der Grund, weshalb er noch nicht an seinem Ziel angekommen ist. Genau darauf gehe ich jetzt ein und benenne sie im Gespräch auch explizit.)

»Lieber Michael, wie würde Dein Leben aussehen, wie würde sich Dein Unternehmen entwickeln, wenn diese Herausforderung gelöst werden würde?«

(An der Stelle lasse ich Michael ausführlich erzählen, was seine Träume sind. Schließlich will ich ganz genau wissen, was er machen würde, wie er leben würde, mit wem er seine Zeit verbringen würde, wenn er mehr Geld verdienen könnte.)

»Michael, dann ist es jetzt an der Zeit, dass wir genau daran arbeiten. Nur so können wir Deine eben genannten Ziele auch erreichen! Du hast am Anfang unseres Gespräches gesagt, dass Du ein Mensch bist, der es ernst meint, wenn er etwas sagt. Meine letzte Frage jetzt an Dich: Sollte ich eine Lösung für dieses Problem haben, das Du mir geschildert hast, haben wir beide dann einen Deal?«

(Da Michael das Problem lösen will, weil es ihm die Tür öffnet zu einem finanziell sorgenfreien Leben, wird er mit höchster Wahrscheinlichkeit mit einem starken Ja antworten. Tatsächlich kommt es vor, dass jemand an dieser Stelle auch Nein sagt, dann merkt derjenige aber auch selbst, dass er hier widersprüchliche Aussagen gemacht hat. In diesem Fall verschwende ich keine Zeit mehr, sage, dass ich das Gefühl hätte, dass wir beide nicht so zueinander passen würden, bedanke mich ganz herzlich für das Gespräch und verabschiede mich.

Die Konzentration liegt für mich beim Abschluss und vor allem dabei, dass ich Menschen helfen kann, ihr Problem zu lösen. Ich bin nicht Unternehmer geworden, um den Alleinunterhalter für andere zu spielen, die nicht bereit sind, ihr Leben, ihr Geschäft und vor allem das Leben ihrer Kunden auf das nächste Level zu bringen!)

Geheimnis Nummer 5

Ich bin nicht reich, weil ich viel Geld habe; ich bin reich aufgrund meiner Fähigkeiten, Geld zu verdienen. Geld kann man verlieren, Fähigkeiten nicht! Viele arme Menschen verdienen ihr Geld, indem sie Zeit gegen Geld tauschen. Das ist der Grund, warum sie ihr ganzes Leben wie Sklaven vor allem für andere schuften müssen. Wenn man den Spieß umdreht und nun anfängt, mit seinen Fähigkeiten (viel) Geld zu verdienen, dann eröffnen sich einem auch ganz neue Möglichkeiten.

Die Einstellung zum Thema Verkauf ist entscheidend. Ich möchte, dass meine Leser, meine Kunden, meine Geschäftspartner sehr gute Verkäufer sind. Dann werden sie nie vor unlösbaren Problemen stehen, egal wie schlecht das Umfeld auch ist. Die Fähigkeit zu verkaufen schafft Freiheit. Sie sorgt dafür, dass wir uns immer wieder aufrappeln und Neues in

Gang setzen können, egal wie oft wir einen vor den Bug bekommen haben.

Ich möchte mit diesem Buch inspirieren. Die Leser meines Buches könnten mit mir gemeinsam die nächste Erfolgsstory schreiben. Aber dabei geht es nicht um mich. Nein, jeder, wirklich jeder hat es verdient, glücklich und im Überfluss zu leben. Oft muss gar nicht viel gemacht werden. Es müssen nur kleine Rädchen justiert werden, um die Verkaufsmaschine, die wir schon seit Kindheitstagen an sind, wieder in Gang zu bringen. Jeder hat es verdient, auf der Sonnenseite des Lebens anzukommen: privat, beruflich und finanziell.

Verkaufen ist eine gute Sache. Es macht einen enormen Unterschied, ob ich mich als Berater oder als Verkäufer bezeichne. Beratung durchzuführen, ohne einen Abschluss zu tätigen, ist alles, nur kein Verkauf im engeren Sinne. Am Ende des Tages zählt es nicht, wie viele Beratungen man durchgeführt hat, es zählt, wie viele Abschlüsse man getätigt hat. Nur Abschlüsse spülen Geld in die Tasche, nur Abschlüsse zahlen die Miete, nur Abschlüsse können mir und meiner Familie das Essen auf den Tisch holen, nur Abschlüsse bringen das Unternehmen zum Wachsen.

Es geht allein um Abschlüsse. Der Weg ist immer der Gleiche: meine Werte auf den Social-Media-Kanälen anhand von Videos überliefern, Vertrauen aufbauen, mit den Interessenten in Kontakt treten, das Telefon in die Hand nehmen, den Menschen helfen und einen Abschluss tätigen. Alle haben gewonnen. Das ist für mich Business!

Wiederholung ist alles

Schon der berühmte römische Dichter Horaz hat gewusst: »Zum zehnten Mal wiederholt, wird es gefallen.« Ich meine damit nicht, dass man immer wieder denselben Inhalt zum Besten geben muss, damit er irgendwann Anklang findet. Nein, ganz und gar nicht. Ich bin der felsenfesten Überzeugung, dass man tatsächlich alles lernen kann, was man sich vornimmt. Natürlich benötigt man Lernbereitschaft, Offenheit und einen eisernen Willen, die Dinge auch durchzuziehen.

Es gibt die besagte 10 000-Stunden-Regel vom schwedischen Psychologen Karl Anders Ericsson. Er ist Professor für Psychologie an der Florida State University. Diese Regel besagt, dass man aus rund 10 000 Stunden (bestehend aus Fleiß, Disziplin, Ausdauer) zu einem Experten oder sogar in seinem Bereich zur Weltspitze gehören kann.

Es gibt außerdem das berühmte Sprichwort: »Übung macht den Meister.« Ich habe bereits die 10 000-Stunden-Schwelle hinter mir, vielleicht sogar zweimal, und dennoch bin ich noch lange nicht am Ende der Fahnenstange angelangt. Im Gegenteil: Je mehr ich übe, desto mehr Chancen erkenne ich, und die besagte Stange wird kontinuierlich länger.

Ich bin auch der felsenfesten Überzeugung, dass harte Arbeit Talent schlägt. Blut, Schweiß und Tränen sind fast immer ein Garant für Erfolg und da spielt es keine Rolle, ob ich Sportler, Musiker oder Unternehmer bin. Wenn wir wieder zu einem meiner Lieblingssportler Cristiano Ronaldo kommen, dann hat es einen triftigen Grund, warum er zu den Besten gehört oder sogar der beste Fußballer der Welt ist. Er trainiert seit seiner frühesten Kindheit sehr hart, um da zu stehen, wo er heute ist. Er ist stets fokussiert und konzentriert.

Viele von uns kennen dieses Phänomen bereits aus ihrer Schulzeit. Wer ständig wiederholt und immer wieder die Aufgaben durchgegangen ist, der war optimal vorbereitet für die Klassenarbeit, was sich natürlich in der Note wiedergespiegelt hat. Und genauso sehe ich es mit dem geschäftlichen Erfolg. Der gravierende Unterschied im Social-Media-Business ist, dass man keine 10 000 Stunden an Übung benötigt, um damit Geld zu verdienen.

Ich habe in diesem Buch schon öfter erwähnt, dass ich nicht zu denjenigen gehöre, die sagen, dass es in den nächsten 30 Tagen passieren wird oder dass es gar einfach so passieren wird. Was ich jedoch sage, ist, dass wir heute in einem Zeitalter leben, in dem es uns möglich ist, sekundenschnell auf wichtige Informationen zuzugreifen. Es hilft dabei, sich optimal auf das Geldverdienen vorzubereiten.

Wir können von bereits erfolgreichen Social-Media-Unternehmern lernen. Wir können die Vorgehensweise, die Anleitungen, ganze Skripte, Schablonen und Systeme eins zu eins übernehmen und auf unsere Nische anpassen. Was einem aber keiner abnimmt, ist die Arbeit, die tagtäglich dahintersteht. Dies würde auch gar nicht gehen, weil jeder seine individuelle Motivation, seine individuellen Ziele und Träume hat, für die er am Ende arbeitet.

Es bedarf ständiger Wiederholung erfolgreicher Aktivitäten, um Erfolge zu erzielen. Klingt einfach und logisch, dennoch scheitern 99 Prozent genau an diesem Punkt. Denn die erfolgreichen Aktivitäten möchten erst aus der Masse herausgefiltert werden – da werden dementsprechend einige Nieten dabei sein. Logisch. Nieten ziehen macht wenig Freude, wissen wir alle. Aber hin und wieder ist zwischen diesen Nieten auch ein Goldnugget versteckt, der unser gesamtes Business nach vorne katapultieren kann.

Erfolgreiche Aktivitäten auf Social Media haben mit Strategie und Fleiß zu tun. Wenn man jetzt wirklich zu der außergewöhnlichen Person in seinem Bereich werden will, dann ist die 10 000-Stunden-Regel ein wichtiger Wegweiser. Um schnell Geld zu verdienen, reichen die ersten 90 Tage. Einige Zeit, die man innerhalb der 10 000 Stunden abarbeiten sollte, habe ich in diesem Buch erläutert.

So, das waren für mich die wichtigsten Punkte, die ich innerhalb dieser 10 000 Stunden mitnehmen konnte, weil ich getestet habe, was funktioniert und was nicht. Die meisten werden ihren eigenen Weg gehen, was auch gut ist.

Ich beschreite meinen Weg unter folgendem Motto: eat, sleep, work hard, and repeat! Essen, schlafen, harte Arbeit und dann alles wieder von vorne. Die meisten Menschen sind dazu in der Lage, die erforderlichen Dinge für den Erfolg zu tun, jedoch sind die wenigsten bereit, den Preis dafür zu bezahlen. Entweder man investiert Geld oder Zeit. Meistens ist es eine Kombination aus beidem. Doch viel Geld zu verdienen ohne den Einsatz von Geld oder Zeit wird nicht funktionieren.

Jeder kann alles erreichen, wenn er hart dafür arbeitet. Das ist die Realität. Geschenkt wird einem selten etwas. So funktioniert das Leben nun mal nicht. Viele Persönlichkeiten aus der freien Wirtschaft, aus der Musik, aus dem Filmbusiness, aus dem Sport und aus der Politik haben es unter Beweis gestellt. Erfolg ist für mich kein Sprint, sondern ein Marathon, und für diesen Marathon muss man trainieren und die Dinge, die uns weiter und schneller laufen lassen, wiederholen. Jedes Jahr, jeden Monat, jede Woche und jeden Tag aufs Neue.

Im Buch *Erfolg* von Julien Backhaus, der dankenswerterweise vorne eins der Vorworte verfasst hat, habe ich das Kapitel über Selbstdisziplin verschlungen. Erinnerst Du Dich an die Anekdote von Jürgen Drews, der sagte, dass es nie um den einen Hit ginge, sondern ausschließlich um die 99 Songs, die keine Hits würden, und die erst geschrieben werden müssten, bevor dann wieder ein Song säße (Backhaus 2018, S. 125)?

So wie Jürgen Drews müssen auch wir ständig Inhalte produzieren. Manche werden sofort einschlagen wie eine Bombe, andere wiederum werden dies nicht tun. So ist das Leben. Wir können danebenliegen mit unseren Einschätzungen. Doch das Einzige, was zählt, ist das Dranbleiben und die ständige Wiederholung unserer Social-Media-Präsenz. Erfolg ist einfach: Mache mehr von dem, was Dich weiterbringt, mache weniger von dem, was Dich ausbremst.

CASH, CASH, CASH – DIE KASSE KLINGELT

So nun wissen wir, wie wir unsere eigenen oder die Produkte anderer verkaufen können. Ich möchte an dieser Stelle zum Schluss jedoch noch mal aufzeigen, welche Möglichkeiten man hat, um mit der eigenen Marke Geld zu verdienen.

Geld zu verdienen, ist wichtig – ich weiß aber auch, dass dies nicht für jeden gleich wichtig ist, der sein Wissen mit anderen teilt. Ich habe jedenfalls die Einstellung, dass ich gerne Geld dafür nehme, wenn ich das tue, was ich liebe. Das ist doch der schönste aller Fälle – Geld mit der Sache zu verdienen, die einem Spaß macht, die einen erfüllt. Das hat auch mit meiner Einstellung zu Geld zu tun. Der irische Schriftsteller Oscar Wilde sagte einmal in einem Zitat: »Als ich jung war, glaubte ich, Geld sei das Wichtigste im Leben, jetzt wo ich alt bin, weiß ich, dass es das Wichtigste ist.« Meiner Meinung nach hat Oscar Wilde recht gehabt mit dem, was er sagte. Wenn wir uns die Altersarmut anschauen, dann bekomme ich jetzt schon Gänsehaut.

Ich brauche nicht auf dieses Thema näher einzugehen, wir alle wissen jedoch aus den Medien, dass die gesetzliche Rente nicht mehr reichen wird, um unseren Lebensstandard aufrechtzuerhalten im hohen Alter. Die logische Konsequenz daraus: Wir müssen uns selbst kümmern. Wir müssen versuchen, weitere Einkommensmöglichkeiten generieren, um im Rentenalter keine Pfandflaschen sammeln zu müssen.

Jetzt ist der Zeitpunkt gekommen, wo es um Cash geht. Es geht darum, dass die Kasse jetzt kräftig klingelt mit dem eigenen Markenaufbau. Eine Möglichkeit ist, wenn man sich gut positioniert hat in seiner Zielgruppe, mit Werbung Geld zu verdienen. Zeitungen werden immer weniger gelesen und für

Unternehmen wird es immer unattraktiver, in Wochenblättern ihre Werbung für ihre Produkte oder Services zu positionieren. Trotzdem wollen sie weiterhin ihre Zielgruppen erreichen: Denn wer nicht wirbt, der stirbt!

Dafür haben Unternehmen Budgets, weil es sprichwörtlich ums wirtschaftliche Überleben geht. Jetzt kommt der eigene Markenname ins Spiel. Wenn Videos gedreht werden und eine Gefolgschaft aufgebaut wurde, kommen Unternehmen auf einen zu oder man geht proaktiv auf Unternehmen zu. Die beworbenen Produkte müssen mit der eigenen Zielgruppe und den Inhalten vereinbar und kompatibel sein. Ich muss natürlich zu den Produkten stehen und von ihnen überzeugt sein, um sie in meinem Kanal zu bewerben, das sollte von vornherein klar sein, sonst schadet man der eigenen Marke. Diese Vorgehensweise nennt man in der Branche »Product Placements« und ist auf YouTube gängige Praxis. Meiner Meinung nach wird Facebook, mit seinen Videos und Livestreams, noch eine große Rolle im Bereich Monetarisierung spielen, und hier sollte man sich rechtzeitig ein Stück vom Kuchen sichern, indem man sich klug positioniert.

Meine nächste Empfehlung, um weitere Geldströme auszubauen, ist es, sich als Vortragsredner in seinem Bereich anzubieten und zu etablieren. Die wenigsten haben eine Vorstellung davon, wie viele Messen, Seminare, Fachtagungen für ihre Nische allein im deutschsprachigen Raum existieren. Einfach mal googeln und man wird sich wundern. Ich selbst habe über das Internet Kontakt zu den Verantwortlichen aufgebaut und einen kostenlosen Fachvortrag angeboten. Einige stellen sich jetzt die Frage: Was habe ich davon? Ganz einfach, man zahlt dadurch auf das eigene Markenkonto ein. Mit solchen Vorträgen bekommt man die Möglichkeit, Glaubwürdigkeit aufzubauen in seiner Branche! Wenn man jetzt mit seinem Smartphone einige coole Bilder und Videos macht und sie anschließend wieder auf seinen Social-Media-Kanälen veröffentlicht, dann werden ebenfalls andere Verantwortliche von Messeseminaren und Tagungen auf einen aufmerksam. Das passiert nicht immer automatisch und wir überlassen ja nichts in den Social Media dem Zufall, richtig? Daher sollte man, wenn man als Vortragsredner gebucht werden möchte, nach den Verantwortlichen für solche Veranstaltungen googeln und sich mit ihnen vernetzen. Anschließend müssen die Inhalte publiziert werden, damit die neuen Kontakte Wind von der eigenen Tätigkeit bekommen. Einfacher geht's nicht mehr.

Wenn man jetzt als Redner auch noch richtig gut ist – und auch das kann man lernen –, werden die Zuschauer mehr über einen erfahren wollen, weil man bereits die eigene Expertise in dem Vortrag unter Beweis gestellt hat. Vorträge sind eine hervorragende Möglichkeit, direkt mit der eigenen Zielgruppe in Kontakt zu kommen. Anschließende Vernetzungen führen nicht selten zu Umsatz.

Eine weitere Möglichkeit, Geldströme aufzubauen, sind, wie ich bereits in diesem Buch erläutert habe, verschiedene Affiliate-Partnerprogramme, wo man mit einem Link zu Anbietern verweisen kann, die bereits hervorragende Produkte entwickelt haben. So kann die Verkaufsprovision auf unser Konto wandern. Man stelle sich nur mal vor, dass man zu 10 000 begeisterten Lesern, Zuschauern und Fans eine Beziehung aufgebaut hat und es dann die tolle Möglichkeit gibt, auch T-Shirts zu verkaufen. T-Shirts verkaufen? Ich bin doch kein Star! Doch bist Du! Das Spiel hat sich verändert. In der jeweiligen Nische kann man mit Statements und Aussagen zu bestimmten Branchen Menschen dazu bringen, sie gut zu finden. Wenn man nun 10 Prozent der Fans dazu bringt, Fanshirts oder andere Fanartikel zu kaufen, steigert dies den Umsatz merklich. Auch dafür muss man kein Geld investieren, sondern kann alles auslagern. Unternehmen wie spreadshirt.de machen das möglich.

Man könnte auch mit eigenen Seminaren aus seiner Marke Profit schlagen. Einige seiner Fans kann man zu einem Schnupperkurs einladen, gegen einen kleinen Unkostenbeitrag, und dort hat man die Möglichkeit, für 300 bis 500 Euro richtige Tagesworkshops zu dem jeweiligen Thema zu verkaufen.

Wenn es aber ganz groß werden soll, dann können bei-spielsweise Buchprojekte dafür sorgen, dass wir ins Fernsehen oder in die großen Magazine des Landes gelangen. Auch dies wird sich früher oder später im Umsatz bemerkbar machen. Dafür ist aber vorher einiges an Arbeit zu leisten. Wenn man dafür jedoch bereit ist, wird sich ein Ölfeld voller Möglichkei-ten eröffnen.

Das QVC-Modell für Social Media

Ich kann es gar nicht so wirklich verstehen oder nachvollzie-hen, dass noch keiner draufgekommen ist, einen eigenen Teleshoppingkanal über Social Media aufzubauen. Es ist ein-fach und lukrativ, wenn man sich überlegt, was für ein riesiges Potenzial dahintersteckt. Laut eines Artikels im *Handelsblatt* aus dem Jahr 2017 betrug der Branchenumsatz von Teleshop-pingsendungen fast 2 Milliarden Euro.[19] Das Schöne daran ist, dass nirgendwo sonst in Europa Kunden so viel Ware über die-se Art Vertriebskanal bestellen wie in Deutschland.

Ich kenne nur ein einziges Direktvertriebsunternehmen, das die Macht von Social Media für den Absatz der eigenen Produkte in Form von Live-Teleshopping nutzt. Das ist die Fir-ma Natura Vitalis, die ich persönlich im Bereich Social Media berate. Die Firma hat sich spezialisiert auf hochwertige Nah-rungsergänzungsmittel und, obwohl die größte Zielgruppe dieser Firma Menschen ab 40 Jahren aufwärts ist, werden jede Woche über die Livestreams auf Facebook Rekordumsätze eingefahren. Facebook-Livestreams sind für geborene Verkäu-fer die ideale Voraussetzung, um erfolgreich auf Social Media ihre Produkte zu verkaufen.

Es sind einige Ideen, die ich hier mit auf den Weg geben möchte. Man kann das Telefon zum Verkaufen benutzen, oder direkt mithilfe einer Liveschaltung über Social Media verkau-fen. Wenn man beides kombiniert, dann ist Umsatz garantiert. Um diese ganze Verkaufsshow über einen Facebook-Livestream etwas aufzulockern, sollte man dort auch Gäste einladen, beispielsweise Unternehmer, Autoren, Experten, und eine Art Talkshow aus dieser Verkaufsshow machen, die der angepeilten Zielgruppe einen Mehrwert liefert.

Es gibt wirklich unzählige Möglichkeiten, um auf sich und seine Produkte aufmerksam zu machen. Noch eine weitere ist, Werbeplätze in seiner Show zu verkaufen. Oder man könnte eine 24-stündige Onlinesportschau sein. Als Gäste würde ich nicht die allseits bekannten Ex-Profisportler einladen, sondern Menschen von der Straße, die über ihre Leidenschaft reden. Sie tun es ja sowieso, warum also nicht Tausende Menschen daran teilhaben lassen und die Diskussion somit auf ein anderes Niveau heben? So könnte man beispielsweise den regionalen Fußball fördern, indem man immer mehr Menschen daran teilhaben lässt. Werbebanner regionaler Sportfachgeschäfte könnten ihren Weg in die Sendung finden, und das wiederum hilft der regionalen Wirtschaft.

Aber auch lokale Unternehmen wie Bäcker, Restaurants, Bars oder auch der örtliche Buchhändler könnten mit einer eigenen Liveshow über verschiedene Produkte sprechen. Vielleicht eben in Form einer kleinen Talkshow. Gleichzeitig kann man jede Woche Neuigkeiten über die Branche und zeitgleich über ein Produkt verbreiten. Was würde solch eine Maßnahme kosten? Man braucht dafür ein Smartphone, das man sowieso bereits besitzt, ein semiprofessionelles Mikro für 50 Euro und ein paar Lichtsoftboxen für 100 Euro. Das war's. Die Social-Media-Plattformen sind glücklicherweise kostenfrei. Und schon hat man seine eigene Show. Einfach anfangen und nicht lange überlegen, sonst machen es die anderen! Im Business fressen die Schnellen die Langsamen.

Der Weg zum Millionär

Es ist weder überheblich noch unseriös, wenn man behauptet, dass man mit einigen dieser Beispiele sogar zum Einkommensmillionär mutieren kann. Es ist alles eine Sache der Einstellung. Wenn man mit Wissen 2 000 Euro verdienen kann, dann kann man auch 1 Million Euro damit verdienen. Anstatt Reichtum nur zu erträumen und auf bessere Zeiten zu hoffen, krempelt man die Ärmel mit der richtigen Strategie hoch und verdient sich die eine Million. Hier eine Beispielrechnung, die klar verdeutlicht, dass es funktioniert:

Das 1-Million-Euro-Programm

25 €-Onlinekurs × 40 000 zahlende Kunden = 1 000 000 €

50 €-Onlinekurs × 20 000 zahlende Kunden = 1 000 000 €

100 €-Programm × 10 000 zahlende Kunden = 1 000 000 €

1 000 €-Programm × 1 000 zahlende Kunden = 1 000 000 €

10 000 €-Coachingprogramm × 100 zahlende Kunden = 1 000 000 €

In reale Zahlen gegossen, hört sich die Million Euro gar nicht mehr so utopisch an, oder? Ran an den Speck! Alles ist alles möglich!

MEIN FAZIT

Ehrlich gesagt: Ich bin weder Prophet noch Nostradamus. Ich kann die Zukunft nicht vorhersagen. Niemand kann das. Ich habe auch keine Form der Erleuchtung erlebt, sondern halte mich ausschließlich an die Fakten und Erfahrungen, die ich in den letzten Jahren selbst gemacht habe.

Das Internet, speziell die sozialen Medien, haben alles auf den Kopf gestellt, was wir bisher in der Menschheitsgeschichte kannten. Sehr vielen ist immer noch nicht so richtig bewusst, in welcher Ära wir eigentlich leben. Es ist Segen und Fluch zugleich. Fluch, weil die sozialen Medien dazu führen können, politische Entscheidungen zu manipulieren, Hetze gegen Minderheiten zu betreiben oder sogar Kriegshandlungen schönzureden. Die sozialen Medien haben nicht nur durch unzählige Fake News Unwahrheiten millionenfach verbreitet, sondern sie haben auch dazu beigetragen, dass durch anonyme Profile Menschen beleidigt wurden und man tagtäglich respektlosem Verhalten in der digitalen Welt begegnet. Ja, es ist auch eine Art Droge, ständig auf dem aktuellsten Stand sein zu müssen und neugierig zu sein, was Freunde den ganzen Tag machen. Denken wir doch einfach an die Bilder in der Bahn oder in einer Bar, wo die Menschen auf ihr Smartphone starren, anstatt sich mit dem Gegenüber zu unterhalten.

Die andere Seite der Medaille jedoch ist, dass die sozialen Medien auch viel Gutes bewirkt haben. Nehmen wir mal die Ice-Bucket-Challenge aus dem Sommer 2014, eine Spendenkampagne für ALS-Kranke, bei der sich sogar ranghohe Politiker einen Eimer mit einer Mischung aus Wasser und Eiswürfeln über den Kopf geschüttet haben. Diese Challenge ging millionenfach um die Welt, was laut der ALS Association Spenden in Höhe von 94,3 Millionen Dollar generiert hat. Darüber hinaus wurden Millionen Menschen auf die seltene Nervenkrankheit ALS aufmerksam gemacht.

Oder ich erinnere mich, dass fast wöchentlich in meinem Facebook-Newsfeed nach vermissten Personen gesucht wurde und sich Menschen, die sich persönlich überhaupt nicht kannten, geholfen haben. Das Teilen und Kommentieren hat es möglich gemacht, dass die Suchen größere Reichweiten erlangten.

Die Art und Weise, wie wir heute kommunizieren, fasziniert mich. Hunderttausende neue Jobs und Unternehmen sind mithilfe der sozialen Medien entstanden. Wenn es nicht so wäre, würde ich heute nicht dieses Buch schreiben. Unternehmen sind transparenter geworden durch Facebook & Co., weil sie sich zeigen, sie nehmen einen mit hinter die Kulissen, was ihnen und uns eine größere Bindung und tiefergehende Beziehung ermöglicht. Früher oder später mündet dies in einem Mehr an Umsatz für die betroffenen Marken. Außerdem können wir Firmen und Politikern relativ direkt und zeitnah konstruktives Feedback geben. Soziale Medien haben unseren Einfluss auf das Weltgeschehen maßgeblich verändert und vergrößert.

Was passiert, wenn es die sozialen Medien eines Tages nicht mehr gibt? Ich glaube eher daran, dass Außerirdische mit uns eine fette Grillparty feiern, als dass die sozialen Medien ihren Rückzug einleiten. Falls es aber doch so kommen sollte, wird sich die Art und Weise unserer Kommunikation nicht zurückentwickeln. Es ist eine etablierte, kulturelle Größe in der Gesellschaft geworden. Begriffe und Bezeichnungen wie »Hey, ich habe Dein Bild/Video gelikt« sind fester Bestandteil unseres Sprachgebrauchs geworden. Egal ob jung oder alt. Deswegen habe ich mein Buch auch *LIKE* genannt, weil es einfach und für jeden mittlerweile ein Begriff ist.

Ich sehe es als große Chance an, ein risikoloses Business zu beginnen, seine Botschaften nach außen zu tragen und es einem Millionenpublikum zugänglich zu machen. Das ist für mich wahre, unternehmerische Demokratie. Sie gibt jedem die Chance, einige Hunderte, Tausende oder Hunderttausende Euros zu verdienen, gar ein Leben in finanzieller Freiheit zu leben. Einfach, indem man auf Basis seines Wissens und seiner Leidenschaft ein profitables Geschäft aufbaut.

Egal, ob Du ein bestehendes Unternehmen auf das nächste Level bringen willst oder erst jetzt mit dem Gedanken spielst, Dich selbstständig zu machen, ich wünsche Dir von ganzem Herzen, dass Deine Träume in Erfüllung gehen und Du mit Deinen Botschaften diese Welt ein klein wenig besser machen wirst.

Ich bedanke mich ganz herzlich bei Dir, mit mir diesen Weg gegangen zu sein.

Hier ist meine Internetadresse
http://samer-mohamad.com.
Ich habe dort für Dich eine kleine Überraschung. Lass es mich gerne wissen, wenn ich etwas für Dich oder Dein Business tun kann.

Dein
Samer Mohamad

DANKSAGUNG

Es gibt viele Personen, die dazu beigetragen haben, dass es dieses Buch – aber auch den Menschen Samer Mohamad – gibt. Als Erstes möchte ich dem lieben Gott, meinem Schöpfer, dafür danken, dass ich immer auf ihn bauen konnte und er mir immer die Kraft gegeben hat, auch in Situationen, in denen ich kurz davor stand, aufzugeben! Ich danke Dir auf Knien dafür!

Ich bedanke mich bei meinem Mentor, Irek Gronert, der mich nicht nur als Unternehmer, sondern vor allem durch seine bodenständige Art und Weise inspirierte. Danke auch an meinen Freund Bent Mühürcüoglu, mit dem ich stundenlang, bis tief in die Nacht telefonierte und der für mich einer der besten Unternehmer auf diesem Planeten ist.

Nicht zu vergessen: meine Freunde Reuf Jasarevic und Abdul Mecit Baskas, auf die ich immer zählen konnte und zählen kann, wenn es hart auf hart kommt. Diese Freundschaft gibt es nur einmal im Leben!

Ein großes Dankeschön geht besonders an meine ganze Familie. An meine Mutter, die ihr Leben in der Heimat aufgegeben hat, damit wir Kinder es gut haben hier in Deutschland. Ich liebe Dich, Mama! Danke an meinen Vater, ohne seinen Mut wären wir nicht in dieses großartige Land gekommen. Er lehrte mich viele Dinge, was das Leben betrifft. Papa, Du bist der Beste.

Ich nutze hier die Gelegenheit und danke meinen drei Brüdern und zwei Schwestern. Ich bin unheimlich stolz auf Euch und es ist mir eine Ehre, Euer großer Bruder sein zu dürfen.

Ein ganz besonderer Dank gilt meiner Ehefrau Liza, meiner großen Liebe, der Mutter meiner beiden wunderschönen Kinder, Noah und Amira. Du bist mein Fels in der Brandung, mein Schatz, ohne Dich wäre ich nicht so weit gekommen. Danke für Deine Kraft, die Du mir gibst, und den Glauben an mich, den Du nie aufgegeben hast. Ich liebe Dich, mein Schatz! Dieses Buch ist Euch dreien gewidmet.

Von ganzem Herzen auch ein großer Dank an meine ganze Community, meine Fans, Kunden und Geschäftspartner. Ohne Euch wäre all dies nicht möglich gewesen.

Meinen letzten Dank widme ich Samer Mohamad im Jahre 2032. Du bist immer mein Vorbild gewesen und ich habe zu Dir aufgeschaut. Du warst immer derjenige, der ich sein wollte, und hast mich in schlechten Zeiten immer wieder motiviert, an meinem Traum festzuhalten. Danke, Samer. Ich hoffe, wenn Du dieses Buch als Fünfzigjähriger liest, dass Du stolz auf mich bist!

In Liebe,
Samer Mohamad

ANMERKUNGEN

1 https://de.statista.com/statistik/daten/studie/459963/umfrage/anteil-der-smartphone-nutzer-in-deutschland-nach-altersgruppe/

2 https://www.creditreform.de/nc/aktuelles/news-list/details/news-detail/insolvenzen-in-deutschland-jahr-2017.html

3 http://www.manager-magazin.de/unternehmen/artikel/karriere-und-jobverlust-digitaler-wandel-veraendert-arbeitswelt-a-1127180-3.html

4 https://de.statista.com/statistik/daten/studie/13070/umfrage/entwicklung-der-internetnutzung-in-deutschland-seit-2001/

5 https://onlinemarketing.de/news/infografik-die-geschichte-des-affiliate-marketing

6 https://de.statista.com/statistik/daten/studie/13054/umfrage/entwicklung-der-adac-mitgliedschaften/

7 https://ads.google.com/intl/de_de/home/tools/keyword-planner/

8 https://www.medienkraft.at/5-beliebtesten-suchmaschinen/

9 https://www.handelsblatt.com/unternehmen/it-medien/google-kauft-youtube-ein-mega-deal-in-nur-72-stunden/14655286.html?ticket=ST-1172212-W5q0FwgZYB0VGfa1d6Tk-ap4

10 https://wirtschaftslexikon.gabler.de/definition/product-placement-46885

11 https://allfacebook.de/toll/state-of-facebook

12 https://allfacebook.de/instagram/instagram-nutzer-deutschland

13 http://www.spiegel.de/wirtschaft/soziales/zweitjob-2-7-millionen-menschen-haben-noch-einen-nebenjob-a-1165019.html

14 https://www.trustedshops.de/shop-info/verbraucher-vertrauen-bewertungen/

15 https://www.dfb.de/verbandsstruktur/mitglieder/

16 https://de.statista.com/themen/1434/dienstleistungsbranche/

17 https://derstandard.at/2000075752865/26-Jaehrige-ruinierte-sich-finanziell-
um-Instagram-Star-zu-werden

18 https://www.rsph.org.uk/uploads/assets/uploaded/62be270a-a55f-
4719-ad668c2ec7a74c2a.pdf

19 https://www.handelsblatt.com/unternehmen/handel-konsumgueter/
spitzenreiter-in-europa-deutschland-ist-teleshopping-weltmeister/
19959290.html?ticket=ST-1050586-vfet49cx499zJevnMbXd-ap4

STICHWORTVERZEICHNIS

STICHWORTVERZEICHNIS

Vom Blog zum Business – Traumberuf Influencer!

Bewundert und manchmal belächelt – der Beruf »Influencer« hat Konjunktur. Unternehmen greifen nur allzu gerne auf diese Markenbotschafter zurück. Viele spielen mit dem Gedanken, ihre Social-Media-Aktivitäten und Reichweite zum Beruf zu machen und etwa mit Instagram ihren Lebensunterhalt zu bestreiten.

Marie Luise Ritter weiß, was das bedeutet: weit mehr, als gekaufte Produkte möglichst unauffällig im Netz zu platzieren. In »So wird man Influencer« zeigt sie Neulingen Schritt für Schritt, was zu beachten ist, damit sich das Geschäftsmodell auch trägt.

240 Seiten
Softcover
16,99 € (D) | 17,50 € (A)
ISBN 978-3-86881-714-0

www.redline-verlag.de

REDLINE | VERLAG

Digitalisierung endlich verständlich erklärt

Könnten Sie in wenigen Sätzen erklären, was Augmented Reality bedeutet? Was digitale Disruption oder Smart Health ausmacht? Wer der vielzitierte Homo Deus ist? Falls nicht, gehören Sie zu der großen Mehrheit derer, die zwar in und mit der Digitalisierung leben und arbeiten, die aber meist passen müssen, wenn es darum geht, die Schlagworte konkret zu erläutern.

Philip Specht hat die 50 wichtigsten Aspekte der Digitalisierung jeweils auf wenigen Seiten erläutert - von den Grundlagen wie Hardware, Cloud und Internet of Things bis hin zu Themen wie virtueller Sexualität, der Zukunft des Arbeitsmarkts und digitaler Ethik.

384 Seiten
Softcover
17,99 € (D) | 18,50 € (A)
ISBN 978-3-86881-705-8

www.redline-verlag.de

REDLINE | VERLAG

Existenzgründung in der digitalen Zeit

Künstliche Intelligenz, die Vernetzung übers Internet und viele andere digitale Tools haben Einzug in die Startup-Szene gehalten. Die Digitalisierung ermöglicht dabei völlig neue Formen der Gründung. Worauf müssen Gründer heute achten und über welche Voraussetzungen müssen sie verfügen, um sich die neuen Chancen zu erschließen?

Erik Renk zeigt, wie es gelingt, ein Unternehmen mit nur einer Handvoll Menschen aufzubauen. Er schreibt über die konkreten Möglichkeiten, die sich im neuen Internetzeitalter ergeben, welche Geschäftsmodelle funktionieren und welche Technologien man wie für sich arbeiten lassen kann.

208 Seiten
Softcover
16,99 € (D) | 17,50 € (A)
ISBN 978-3-86881-715-7

www.redline-verlag.de

REDLINE | VERLAG